탈레스의 증명부터 피보나치의 수열까지

달콤한 수학사 3

달콤한 수학사 3

탈레스의 증명부터 피보나치의 수열까지

ⓒ 마이클 J. 브래들리, 2017

초 판 1쇄 발행일 2007년 8월 24일
개정판 1쇄 발행일 2017년 8월 30일

지은이 마이클 J. 브래들리
옮긴이 안수진 **본문 일러스트** 백정현
펴낸이 김지영 **펴낸곳** 지브레인^{Gbrain}
편집 김현주
마케팅 조명구 **제작 · 관리** 김동영

출판등록 2001년 7월 3일 제2005-000022호
주소 04021 서울시 마포구 월드컵로 7길 88 2층
　　　　　　　　　　(지번주소 합정동 433-48)
전화 (02)2648-7224 **팩스** (02)2654-7696
지브레인 블로그 blog.naver.com/inu002

ISBN 978-89-5979-469-0 (04410)
　　　　978-89-5979-472-0 (04410) SET

• 책값은 뒷표지에 있습니다.
• 잘못된 책은 교환해 드립니다.

탈레스의 증명부터 피보나치의 수열까지

달콤한 수학사

마이클 J. 브래들리 지음 │ **안수진** 옮김

3

지브레인

최근 국제수학연맹(IMU)은 우리나라의 국가 등급을 'II'에서 'IV'로 조정했다. IMU 역사상 이처럼 한꺼번에 두 단계나 상향 조정된 것은 처음 있는 일이라고 한다. IMU의 최상위 국가등급인 V에는 G8국가와 이스라엘, 중국 등 10개국이 포진해 있고, 우리나라를 비롯한 8개국은 그룹 IV에 속해 있다. 이에 근거해 본다면 한 나라의 수학 실력은 그 나라의 국력에 비례한다고 해도 과언이 아니다.

그러나 한편으로는 '진정한 수학 강국이 되려면 어떤 것이 필요한가?'라는 보다 근본적인 질문을 던지게 된다. 이제까지는 비교적 짧은 기간의 프로젝트와 외형적 시스템을 갖추는 방식으로 수학 등급을 올릴 수 있었는지 몰라도 소위 선진국들이 자리잡고 있는 10위권 내에 진입하기 위해서는 현재의 방식만으로는 쉽지 않다고 본다. 왜냐하면 수학 강국이라고 일컬어지는 나라들이 가지고 있는 것은 '수학 문화'이기 때문이다. 즉, 수학적으로 사고하는 것이 일상화되고, 자국이 배출한 수학자들의 업적을 다양하게 조명하고 기리는 등 그들 문화 속에 수학이 녹아들어 있는 것이다. 우리나라가 세계 수학계에서 높은 순위를 차지하고 있다든가, 우리나라의 학생들이 국제수학경시대회에 나가 훌륭한 성적을 내고 있는 것을 자랑하기 이전에 우리가 살펴보아야 하는 것은 우리나라에 '수학 문화'가 있느냐는 것이다. 수학 경시대회에서 좋은 성적을 낸다고 해서 반드시 좋은 학자가 되는 것은 아니기 때문이다.

학자로서 요구되는 창의성은 문화와 무관할 수 없다. 그리고 대학 입학시험에서 평균 수학 점수가 올라간다고 수학이 강해지는 것은 아니다. '수학 문화'라는 인프라가 구축되지 않고서는 수학이 강한 나라가 될 수 없다는 것은 필자만의 생각은 아닐 것이다. 수학이 가지고 있는 학문적 가치와 응용 가능성을 외면하고, 수학을 단순히 입시를 위한 방편이나 특별한 기호를 사용하는 사람들의 전유물로 인식하는 한 진정한 수학 강국이 되기는 어려울 것이다. 식물이 자랄 수 없는 돌로 가득 찬 밭이 아닌 '수학 문화'라는 비옥한 토양이 형성되어 있어야 수학이라는 나무는 지속적으로 꽃을 피우고 열매를 맺을 수 있다.

이 책의 원제목은 《수학의 개척자들》이다. 수학 역사상 인상적인 업적을 남긴 50인을 선정하여 그들의 삶과 업적을 시대별로 정리하여 한 권당 10명씩 소개하고 있다. 중·고등학생들을 염두에 두고 집필했기에 내용이 난삽하지 않고 아주 잘 요약되어 있으며, 또한 각 수학자의 업적을 알기 쉽게 평가하고 설명하고 있다. 또한 각 권 앞머리에 전체 내용을 개관하여 흐름을 쉽게 파악하도록 돕고 있으며, 역사상 위대한 수학적 업적을 성취한 대부분의 수학자를 설명하고 있다. 특히 여성 수학자를 적절하게 배려하고 있다는 점이 특징이다. 일반적으로 여성은 수학적 능력이 남성보다 떨어진다는 편견 때문에 수학은 상대적으로 여성과 거리가 먼 학문으로 인식되어왔다. 따라서 여성 수학자를 강조하여 소개한 것은 자라나는 여학생들에게 수학에 대한 친근감과 도전 정신을 가지게 하리라 생각한다.

어떤 학문의 정체성을 파악하려면 그 학문의 역사와 배경을 철저히 이해하는 일이 필요하다고 본다. 수학도 예외는 아니다. 흔히 수학은 주어진 문제만 잘 풀면 그만이라고 생각하는 사람도 있는데, 이는 수학이라는 학문적 성격을 제대로 이해하지 못한 결과이다. 수학은 인간이 만든 가장 오래된 학문의 하나이고 논리적이고 엄밀한 학문의 대명사이다. 인간은 자연현상이나 사회현상을 수학이라는 언어를 통해 효과적으로 기술하여 직면한 문제를 해결해 왔다. 수학은 어느 순간 갑자기 생겨난 것이 아니고 많은 수학자들의 창의적 작업과 적지 않은 시행착오를 거쳐 오늘날에 이르게 되었다. 이 과정을 아는 사람은 수학에 대한 이해의 폭과 깊이가 현저하게 넓어지고 깊어진다.

수학의 역사를 이해하는 것이 문제 해결에 얼마나 유용한지 알려 주는 이야기가 있다. 국제적인 명성을 떨치고 있는 한 수학자는 연구가 난관에 직면할 때마다 그 연구가 이루어진 역사를 추적하여 새로운 진전이 있기 전후에 이루어진 과정을 살펴 아이디어를 얻는다고 한다.

수학은 언어적인 학문이다. 수학을 잘 안다는 것은, 어휘력이 풍부하면 어떤 상황이나 심적 상태에 대해 정교한 표현이 가능한 것과 마찬가지로 자연 및 사회현상을 효과적으로 드러내는 데 유용하다. 그러한 수학이 왜, 어떻게, 누구에 의해 발전되어왔는지 안다면 수학은 훨씬 더 재미있어질 것이다.

이런 의미에서 이 책이 제대로 읽혀진다면, 독자들에게 수학에 대한 흥미와 지적 안목을 넓혀 주고, 우리나라의 '수학 문화'라는 토양에 한 줌의 비료가 될 수 있을 것이라고 기대한다.

박창균

(서경대 철학과 교수, 한국수학사학회 부회장, 대한수리논리학회장)

　　수학의 선구자들은 도대체 어떤 사람들일까? 처음 이 책을 읽으며 떠올린 질문이다. 교단에서 수학을 가르치며 많은 학생들이 겪는 수학의 두려움을 알기에 도대체 어떤 사람들이 이 어려운 일들을 해냈을까 묻고 싶었다. 이 책을 읽기 시작할 때 나는 '그들은 타고난 천재들이고 능력이 뛰어나니 우리 같은 평범한 사람들보다 어렵지 않게 이 모든 것들을 해냈겠지'라는 편견에 가득 차 있었다. 그러나 이들 한 사람 한 사람의 다양한 삶을 번역하면서 그런 생각들은 점차 줄어들었다. 우리가 그냥 지나쳐버리는 수학 내용 하나하나는 모두 쉽게 만들어진 것들이 아니었고, 수많은 사람들의 노력적 산물이며 대부분 그 어떤 대가도 바라지 않은 순수한 열정의 결과물이라는 것을 알 수 있었다. 의무적으로 배워야만 한다고 지정된 수학 지식들에 둘러싸여 수많은 문제집과 참고서 사이에서 헤매는 우리 학생들에게 진정 필요한 읽을거리는 바로 이런 책들이 아닐까 하는 생각이 들었다. 수학 지식의 역사뿐만 아니라 수학자들의 인간적인 모습을 담은 이 책은 수학을 대학에 가기 위한 도구로만 인식하고 반복적으로 매달리는 아이들에게 예술가들의 예술 작품처럼 수학도 그들에게는 하나의 예술품이고 삶의 목적이었음을 보여 준다.

수학은 철학, 천문학 등과 함께 고대 문명이 싹틀 때부터 인류의 역사와 함께 성장해온 학문이다. 기원전부터 그리스, 인도, 아라비아에서 다양한 방식으로 발전하던 수학은 늘 과학과 함께 성장하며 중세의 암흑기를 넘어 14세기에서 18세기까지 각 나라 천재들의 힘을 얻어 완전한 학문으로 자리 잡았다. 19세기에 들어 수학의 엄밀성과 구조를 갖추면서 유럽이 수학을 주도하다 20세기에는 전반기에 1·2차 세계대전을 거치고 후반기에 정보 통신 시대가 도래하면서 미국의 영향력이 커졌다. 그동안 엄청난 수학의 발전이 일어나고 다양한 수학 분야가 등장하게 되었다. 이 책은 그중에서 19세기 유럽에 나타난 수학의 거장들을 다루고 있다.

19세기를 대표하는 수많은 수학자들 중 단지 10명만을 얘기한다는 것은 아쉬워 보일지 모르나 인물 중심으로 풀어나간 이야기 속에 이 시대를 대표할 만한 모든 수학자들의 이름은 거의 다 언급되고 있다. 각 장에 소개하고 있는 19세기 수학의 선구자들 대부분은 우리가 중고등학교를 거치며 배우는 수학 용어나 이론에 직접적으로 연관되는 학자들이고 최소한 그 분야에 토대를 이룬 인물들이다. 이 책은 각각의 용어나 이론들이 어떻게 만들어졌으며, 당시의 반응이 어떠했는지를 구체적으로 보여 주고 있다. 그리고 이 수학의 선구자들이 어떤 배경 속에서 성장하며 자신에게 주어진 삶의 장애물들을 극복하기 위해 얼마나 끝없이 노력했는지 잘 보여 주고 있다. 생전에 업적을 인정받아 풍족한 삶을 산 이들도 있었지만 반면에 시대를 너무나 앞서가는 이론을 내놓아 다른 사람들의 편견과 오해 속에 오히려 고통을 받은 이들도 있었다. 이런 수학자들의 노력과 열정이 있었기에 우리는 과학과 공학의 발전을 이루어내며 첨단 문명의 시대를 살게 된 것이다.

흥미롭게 읽으며 마음 편히 시작한 번역은 실제로 진행되는 동안 엄청난 문제들에 부딪히게 되었다. 몇 가지 언급해 보면, 우선 원어를 번역할 때 찾아온 어려움이었다. 수학자들이 프랑스, 독일, 노르웨이, 러시아 출신의 사람들로 그 활동 무대가 유럽 전 지역이었기에 지명과 인명, 학회 이름, 논문과 책 제목을 원어에 충실하게 번역하려고 노력했지만 부분적인 오류들을 피할 수 없었다. 독자들의 이해와 세심한 지적을 바란다. 두 번째는 수학 용어를 풀어나가는 데 있어 느낀 어려움이었다. 전문적 수학 용어가 나오다 보니 번역을 해도 단어에 들어 있는 깊은 의미들을 쉽게 풀이하는 것에 한계가 나타났다. 중고등학생이나 일반인들에게 낯선 용어가 많이 등장하겠지만 중간에 삽입된 용어 설명을 참조하며 다양한 수학 분야에서 나오는 전문적 용어라는 것을 인식하며 이해해 주기를 바란다.

수학의 선구자들을 통해 수학의 내용들도 처음부터 완성되어 나타난 것이 아니라는 점을 느끼게 된다. 완벽해 보이고 철저해 보이는 수학도 여러 수학자들의 다른 견해 속에 틀린 부분들을 제거하거나 보완하면서 진보된 학문이다. 하나의 이론이 다른 증명을 제시하는 과정에서 제거되기도 하고, 새로운 이론을 탄생시키기도 한다. 그러나 그 어떤 수학적 이론도 틀렸다는 것만으로 의미가 없어지지는 않는다. 오히려 오류가 발견된 이론과 증명에서 그것들을 고치는 가운데 더 많은 발전이 이루어졌고, 공부해야 할 것들이 나왔기 때문이다. 수학이라는 큰 탑을 하나하나 쌓아 올린 선구자들의 삶을 읽으며, 지루한 수학 수업에서 벗어나 수학이 지닌 다른 매력을 느껴보길 바란다.

안 수 진

(서등원 중학교 교사)

수학에 등장하는 숫자, 방정식, 공식, 등식 등에는 세계적으로 수학이란 학문의 지평을 넓힌 사람들의 이야기가 숨어 있다. 그들 중에는 수학적 재능이 뒤늦게 꽃핀 사람도 있고, 어린 시절부터 신동으로 각광받은 사람도 있다. 또한 가난한 사람이 있었는가 하면 부자인 사람도 있었으며, 엘리트 코스를 밟은 사람도 있고 독학으로 공부한 사람도 있었다. 직업도 교수, 사무직 근로자, 농부, 엔지니어, 천문학자, 간호사, 철학자 등으로 다양했다.

〈달콤한 수학사〉는 그 많은 사람들 중 수학의 발전과 진보에 큰 역할을 한 50명을 기록한 5권의 시리즈이다. 그저 유명하고 주목할 만한 대표 수학자 50명이 아닌, 많은 도전과 장애물을 극복하고 수학에 중요한 공헌을 한 수학자 50명의 삶과 업적에 대한 이야기를 담고 있다. 그들은 새로운 기법과 혁신적인 아이디어를 떠올리고, 이미 알려진 수학적 정리들을 확장시켜 온 수많은 수학자들을 대표한다.

이들은 세계를 숫자와 패턴, 방정식으로 이해하고자 했던 사람들이라고도 할 수 있다. 이들은 수백 년간 수학자들을 괴롭힌 문제들을 해결하기도 했으며, 수학사에 새 장을 열기도 했다. 이들의 저서들은 수백 년간 수학 교육에 영향을 미쳤으며 몇몇은 자신이 속한 인종, 성별, 국적에서 수학적 개념을 처음으로 도입한 사람으로 기록되고 있다. 그들은 후손들이 더욱 진보할 수 있게 기틀을 세운 사람들인 것이다.

수학은 '인간의 노력적 산물'이라고 할 수 있다. 수학의 기초에 해당하는 십진법부터 대수, 미적분학, 컴퓨터의 개발에 이르기까지 수학에서 가장 중요한 개념들은 많은 사람들의 공헌에 의해 점진적으로 이루어져 왔기 때문이다. 그러한 개념들은 다른 시공간, 다른 문명들 속에서 각각 독립적으로 발전해 왔다. 그런데 동일한 문명 내에서 중요한 발견을 한 학자의 이름이 때로는 그 후에 등장한 수학자의 저술 속에서 개념이 통합되는 바람에 종종 잊혀질 때가 있다. 그래서 가끔은 어떤 특정한 정리나 개념을 처음 도입한 사람이 정확히 밝혀지지 않기

1권 《탈레스의 증명부터 피보나치의 수열까지》는 기원전 700년부터 서기 1300년까지의 기간 중 고대 그리스, 인도, 아라비아 및 중세 이탈리아에서 살았던 수학자들을 기록하고 있고, 2권 《알카시의 소수값부터 배네커의 책력까지》는 14세기부터 18세기까지 이란, 프랑스, 영국, 독일, 스위스와 미국에서 활동한 수학자들의 이야기를 담고 있다. 3권 《제르맹의 정리부터 푸앵카레의 카오스 이론까지》는 19세기 유럽 각국에서 활동한 수학자들의 이야기를 다루고 있으며, 4·5권인 《힐베르트의 기하학부터 에르뒤스의 정수론까지》와 《로빈슨의 제로섬게임부터 플래너리의 알고리즘까지》는 20세기에 활동한 세계 각국의 수학자들을 소개하고 있다.

도 한다. 따라서 수학은 전적으로 몇몇 수학자들의 결과물이라고는 할
수 없다.

진정 수학은 '인간의 노력적 산물'이라고 하는 것이 옳은 표현일 것이
다. 이 책의 주인공들은 그 수많은 위대한 인간들 중의 일부이다.

모든 분야에 걸쳐 탁월한 능력을 보여 주던 천재들의 시대가 지나가고 수학에서도 점차 새롭고 다양한 분야가 등장하며 각 분야에서 두각을 나타내는 수학자들이 늘어나기 시작했다. 교육의 혜택을 받았던 특별한 사람들조차 접근하기 어려웠던 수학과 과학이 대중들에게 손을 내밀기 시작한 것도 바로 이때부터이다. 《달콤한 수학사》 세 번째 시리즈 《제르맹의 정리부터 푸앵카레의 카오스이론까지》는 1800년과 1900년 사이에 살았던 10명의 수학자들의 삶을 소개한다.

이들은 19세기 동안 이루어진 수학의 급속적인 성장에 많은 기여를 하며 다양한 분야의 선구자로서 치열한 삶을 살았던 대표적인 인물들이다. 19세기 동안 수학은 다른 학문과 구분되었고 양적·질적으로 성장하며 기초를 다지게 되었다. 수학에 엄밀성이라는 중요한 특징이 도입되면서, 수학은 세밀한 부분까지 빈틈없이 논리를 갖추게 되었다. 수학적 체계를 구조화하는 연구가 활발히 이루어지면서 새로운 수학 분야도 많이 등장했다. 이는 몇몇 나라에서 주도하던 수학 연구가 유럽 도처에 걸쳐 확산되었기에 가능한 일이었다.

17세기에서 18세기 동안 수학자들은 풍부하고 새로운 착상들을 해냈지만 주의를 기울여 엄밀한 **정의**나 **증명**, 절차들을 쓰지는 않았다.

정의 수학에서 사용하는 용어나 기호에 대해 누구나 보편적으로 생각할 수 있게 그 의미를 확실하게 규정한 문장이나 식(式)

증명 어떤 정리나 공리로부터 추론에 의하여 다른 명제의 옳고 그름을 밝히는 것.

정리 참과 거짓을 논리적으로 판단할 수 있는 문장이나 기호인 명제 중에서 이미 진리라고 밝혀진 것.

공리 증명이 필요 없는 진리로, 증명을 할 때 전제로 사용된다.

그러다 19세기 초, 수학자들은 가장 분명한 **공리**들도 논리적으로 증명하려 했고, 엄밀한 조작 방법을 사용하기 위하여 용어들을 정확하게 정의할 필요가 있다고 생각했다. 수학자들은 2000년 전 그리스 시대의 고전 기하가 가졌던 특징인 세밀한 논리와 정밀성을 수학에 부흥시켰다. 산술의 기본 **정리**와 대수학의 기본 정리에 대한 독일 수학자 카를 프리드리히 가우스의 증명은 산술학과 대수학 분야에 형식적인 기초 원리를 만들어 주었다. 노르웨이 수학자 닐스 아벨은 미적분학의 기초 원리 중 하나인 무한급수의 수렴을 결정하는 엄밀한 방법을 개발했다. 독일 수학자 칸토르는 실수의 기본 개념에 관한 정의를 제공했고 무한에도 다른 차수^{degree}가 있다는 것을 증명했다.

수학 이론을 세밀하게 만들기 위한 신중하고 꾸준한 19세기 수학자들의 노력은 수학 체계의 구조를 다시 생각하게 만들었다. 가우스와 몇몇 다른 수학자들은 **평행공준**이 유클리드 기하의 다른 공리와 독립적이라는 것을 알게 되었고, 유클리드 기하의 대안으로 비유클리드 기하 체계가 존재한다는 것을 인지했다. 아벨과 프랑스 수학자 에바리스트 갈루아는 다항방정식의 해가 치환군에 관련되어 있고 치환군의 구조가 방정식의 특성에 대응한다는 것을 발견했다. 집합론의 공리에 관한 칸토르의 연구는 모든 수학의 구조에 대하여 다시 한 번 생각하게 만들었다.

평행공준 평행한 두 직선은 영원히 만나지 않는다는 공리. 평면 위에서는 당연하게 여겨지지만, 만약 우리가 살고 있는 지구 같은 구 위에서의 평행한 두 직선을 생각한다면 두 직선은 만나게 될 수도 있다.

　19세기 수학자들은 수학 체계 구조에 관하여 연구하면서 동시에 새로운 학문 분야를 개발했다. 갈루아는 군론의 발달을 이끌었고, 아벨의 연구는 함수해석학을 수립시켰으며, 칸토르의 혁신은 집합론의 토대를 만들었다. 프랑스 수학자 앙리 푸앵카레는 새로운 수학 분야로 대수적 위상수학, 카오스이론, 여러 가지 복소 변수에 관한 이론 등을 설립했다. 영국 간호사 플로렌스 나이팅게일은 통계로 알려진 새로운 수학 분야를 이용하여 사회적 관습에 긍정적인 변화를 이끌어내며 수학이 우리 생활에 효과적으로 이용될 수 있다는 것을 보여 주었다. 영국 수학자 에이다 러브레이스는 현대의 컴퓨터 프로그래밍에 해당하는 과정을 처음으로 기술하고 만들었다.

서양에서도 19세기 이전까지는 프랑스나 독일 등의 몇 나라가 수학을 주도해왔으나 이 시기부터는 유럽 전역에 걸쳐 수학적인 활동이 이루어졌다. 수학은 이때까지 소수의 전문적인 학회에서 깊게 학문을 연구하는 학자들이나 독자적으로 연구하는 몇몇 아마추어 수학자들로 유지되던 선택된 이들의 영역이었다. 그러나 이 시기부터 수학은 교육받은 사람들이라면 누구나 접근하기 쉬운 학문으로 변화되었다. 수학 교육이나 새로운 수학 이론 개발 등에서는 프랑스와 독일이 계속 유럽을 이끌고 있었지만, 거의 모든 유럽 국가들이 대학과 국립 학회와 학술 협회를 설립했다. 수학 잡지, 전문적인 단체, 국제적인 협회의 증가는 수학적 사고가 넓게 교환되는 발판을 만들어 주었다.

적은 수이긴 하지만 여성 수학자들도 늘어나 수학 분야의 진보에 공헌을 하기 시작했다. 러시아 수학자 소냐 코발레프스키는 미분방정식에 기본적인 정리를 제공했다. 프랑스 수학자 마리 소피 제르맹은 소수와 진동하는 곡면에 관한 이론을 연구했다. 스코틀랜드 수학자 메리 소머빌은 일반 대중들이 과학적인 이론을 접하기 쉽도록 천문학, 물리학, 지리학, 미시적인 구조에 관한 대중 과학서 4권을 썼다.

19세기 동안 유럽 수학은 대륙의 거의 모든 국가가 광범위하게 참가하고 공유하면서 엄밀한 분야로 성숙했다. 수학의 기초적 구조의 형식화는 학과에 새로운 분야의 도입을 가능하게 했다. 이 책에 소개된 10명의 수학자들은 세계적인 지식을 진보시키며 신중하고 중요한 수학적 발견을 이루었던 수천 명의 학자들을 대표한다. 그들의 다른 성장 배경, 연구 활동과 업적들은 아픔과 기쁨을 담은 인생 이야기를 만들어내며, 수학자들은 자신들도 우리와 같은 인간으로 자신의 삶에 최선을 다했던 평범한 천재들이라는 것을 보여 준다.

차 례

|Chapter 5|

정열적인 혁명가이자 수학자 – 에바리스트 갈루아

|Chapter 6|

최초의 컴퓨터 프로그래머 – 어거스타 에이다 러브레이스

천재 수학자였던

마리 소피 제르맹

Marie-Sophie Germain
(1776~1831)

누가 진리에 먼저 도달했는지는 중요한 게 아니다.
더 중요한 것은 그 진리가 어느 정도냐 하는 것이다.

—마리 소피 제르맹

시대적 차별을 이겨내다

누구나 수학을 마음껏 공부하게 된 것은 그리 오래되지 않았다. 일찍이 사회적 신분이 평등화된 나라들조차 18, 19세기까지 신분이나 인종, 성별에 따른 차별은 계속되었다. 그 당시 유럽은 수학의 발달을 주도하고 있었지만 여성들은 수학을 멀리해야 한다는 사회적 관습을 여전히 따르고 있었다. 그러나, 이런 시대적 편견을 이겨내며 수학을 꽃피웠던 여성 수학자들이 몇 명 있었는데 그중 하나가 바로 소피 제르맹이다.

소피 제르맹은 비록 외부 활동을 많이 하지 못한 채 스스로 학문을 익혔지만, 가우스를 비롯하여 유럽을 이끈 수학자들의 존경과 우정을 얻었다. 그녀는 그녀의 이름에서 딴 '소피 제르맹 소수'라는 소수 집합을 연구했다. 제르맹은 19세기 들어 정수론을 하는 수학자들이 도저히 풀지 못하던 난해한 문제인 '페르마의 마지막 정리'와 관련하여 중요한 공헌을 했다. 그녀가 제르맹 정리를 통하여 충격적인 발표를 함으로써 페르마의 유실된 증명을 재현하려는 움직임이 활발해졌다. 또한, 진동 곡면에 관한 수학적 이론을 서술한 그녀의 논문은 프랑스 국내 경쟁에서 대상을 수상했다. 그녀는 곡선이나 곡면의 굽은 정도를 나타내는 수인 곡면의 평균곡률 개념을 도입하기도 했다.

아르키메데스를 죽음으로 이끈 수학의 매력

마리 소피 제르맹은 1776년 4월 1일에 프랑스 파리에서 태어났다. 소피의 아버지는 프랑스 3부회의 대표자를 지냈고 프랑스혁명 동안 제헌국민의회 대표자 역할을 하면서 정치와 관련되어 있었다. 그는 또한 성공한 사업가로서 프랑스 은행의 관리자가 되었다. 소피의 어머니는 소피와 두 자매를 길렀다. 집이 부유했기 때문에 제르맹은 다양한 책들로 꽉 찬 서재를 늘 이용할 수 있었다.

소피가 성장했던 시기는 혁명과 변화의 시기였다. 그녀의 어린 시절 동안, 프랑스 군대는 미국이 영국으로부터 독립을 시도하는 전쟁을 도왔다. 1789년에서 1799년까지 제르맹이 십대를 보내는 동안 프랑스 혁명이 일어났고, 이 혁명은 프랑스 사람들의 삶을 급격하게 변화시켰다. 1793년 9월에서 1794년 7월까지 공포정치가 이루어지는 동안, 공안위원회는 200,000명의 시민을 체포했고 이들 중 20,000명에서 40,000명 가량을 단두대에서 처형했다. 이러한 사회적 혼란이 두려웠던 소피는 그것을 피하기 위해 서재에서 대부분의 시간을 보냈다.

열세 살이 되던 해, 소피는 서재에서 우연히 수학사 책을 펼쳤고, 그때 고대 수학자 아르키메데스를 알게 되었다. 아르키메데스는 기하학과 물리학에서 많은 발견을 한 그리스 수학자이며 과학자였다. 소피가 읽은 책에는 다음과 같은 그의 일화가 있었다. 로마는 그 당시 지중해의 패권을 장악하려고 주변국들과 전쟁을 하였고, 아르키메데스가 살고 있던 그리스의 시라쿠사도 로마의 침략을 당하게 되었다. 투석기와 지렛대를 만들어 대항을 돕던 아르키메데스는 시라쿠사가 로마 군대에 의해 함락되던 날에도 모래에 수학 도형을 그리며 연구하고 있었다. 한 군인이 아르키메데스에게 일어나서 같이 가자고 명령했을 때, 그는 문제 푸는 것에 너무 몰두하여 그린 도형을 망가뜨리지 말고 문제를 끝마칠 수 있게 해 달라고 부탁했다. 화가 난 병사는 아르키메데스

를 창으로 죽여버리고 말았다.

아르키메데스의 이야기는 소피에게 강한 충격을 주었다. 그녀는 목숨을 잃을 정도로 모험을 하게 만드는 수학의 매력이 무엇인지 궁금했다. 소피는 부모님의 반대에도 불구하고 수학을 공부하기로 결심했다. 18세기의 대부분의 유럽인들처럼 소피의 부모는 어린 여자아이에게 수학이 적절한 과목이 아니라고 믿었고, 딸의 정신이 손상될지도 모른다고 두려워했다. 그들은 딸이 밤에 방 안에서 수학 책을 보는 것을 발견했을 때, 방에 있는 난롯불을 꺼버렸다. 그러고는 딸이 침대에 들어간 것을 확인한 후 옷을 가져가고, 방에 있는 석유등도 없앴다. 이렇게 부모님이 수학 공부를 방해했지만, 소피의 의지도 만만치 않았다. 소피는 담요로 몸을 덮은 채, 방에 숨겨둔 양초를 켜고 서재에서 몰래 가져온 수학책을 읽었다. 어느 날 아침, 소피의 부모가 소피의 방문을 열었을 때 그녀는 책상에 엎드려 자고 있었고 방은 너무 추워서 잉크가 병 속에서 얼어붙어 있었다. 마침내 소피의 부모는 딸의 의지가 단호하다는 것을 깨닫고 수학 공부를 하는 것을 허락했다.

수학 공부를 마음껏 할 수 있는 자유를 얻게 되자, 소피는 집의 서재에 있는 모든 수학책을 읽었다. 그녀는 에티엔 베주의《산술에 관한 논문》과 같은 책을 읽으면서 기하와 대수를 혼자 공부했다. 소피는 독학으로 라틴어를 익혀서 아이작 뉴턴과 레온하르트 오일러의 고전 연구들도 읽을 수 있었다. 그녀의 부모는 딸의 열성에 감탄하여 수학 연구를 하는 데 많은 도움을 주었다. 소피가 자크 안톤-조세프 쿠쟁의《미적분학》을 읽었을 때, 부모님은 그녀를 격려하며 그 책의 저자와 딸이 만날 수 있도록 해 주었다.

가우스와의 우정

1794년에 수학자 라자르 카르노와 가스파르 몬제는 프랑스 내의 가장 유능한 젊은이들에게 높은 수준의 수학·과학 교육을 제공하기 위해 파리에 '에콜 폴리테크니크(공과대학)'라는 새로운 학교를 설립했다. 제르맹은 수학을 본격적으로 공부할 기회를 기대하고 있었지만 이곳에서도 여학생의 입학은 허용되지 않았기 때문에 그녀의 소원은 이루어지지 않았다. 그녀는 정식으로 학교에 입학하지는 못했지만 수업에 참여하고 싶었다. 그녀는 강의 노트와 숙제를 함께 공유할 공과대학 학생들 몇 명과 친구가 되었다. 과제를 낼 때는 학교를 그만둔 학생인 안톤-오거스트 르 블랑의 이름으로 서명했다.

조제프-루이 라그랑주 교수가 강의하던 어느 날이었다. 라그랑주 교수는 학생들의 과제를 검토하고 수정하는 과정에서 '므시유 르 블랑'이란 학생이 제출한 우수한 연구에 감명을 받았다('므시유'는 프랑스어로 '미스터'를 의미한다). 학생들이 그에게 미스터 르 블랑이 사실 혼자 독학하고 있는 젊은 여성이라고 말하자, 라그랑주는 주저없이 그녀를 만나겠다고 했다.

라그랑주는 소피의 집을 찾아가 수학 공부를 계속하도록 용기를 북돋았다. 그리고 소피를 돕는 지도교사가 되어 줄 것을 약속했다. 라그랑주는 소피가 그의 강좌를 직접 듣게 해 줄 순 없었지만, 그녀가 읽을 책과 연구 논문들을 추천했고, 어려운 개념을 설명하기 위하여 만나거나 자주 편지를 주고받았다. 그중에서도 가장 중요한 것은 라그랑주가 유럽을 이끄는 많은 수학자들에게 소피를 소개해 준 것이다.

소피는 아드리앙-마리 르장드르의 1978년 책《수이론에 관한 에세이》를 공부하면서, 그 연구에 몇 가지 첨부할 수 있는 아이디어와 기술을 개발했다. 이에 라그랑주는 소피가 르장드르에게 편지를 쓰도록 기회를 마련했고, 편지를 읽은 르장드르는 그녀의 발견에 감명을 받았다. 여러 번의 편지를 주고받으면서, 르장드르는 소피가 형식화했던 개념들을 더 충분히 발달시키도록 도움을 주었다. 그들의 서신 왕래는 결국 공동 연구가 되었고 좋은 결과를 낳았다.

역사상 가장 훌륭한 수학자 중 한 명인 카를 프리드리히 가우스 또한

소피에게 용기를 북돋아 준 사람 중 한 명이었다. 그는 1804년과 1812년 사이에 편지를 통해 소피에게 충고를 해 주었다. 가우스의 1801년 책《정수론 연구》를 읽은 후, 소피는 가우스에게 해결되지 않은 문제의 증명을 보냈다. 소피는 가우스가 증명을 보낸 사람이 여자라는 것을 안다면 연구를 진지하게 검토하지 않을 것을 염려하여 편지에 미스터 르 블랑이라고 서명했다. 가우스는 소피의 정체를 알게 될 때까지 3년 동안 '르 블랑'과 편지를 주고받았다. 가우스가 르 블랑의 정체를 알게 된 것은 그야말로 우연한 계기에서였다.

1807년에 소피 제르맹은 프랑스 군대가 가우스가 살고 있는 독일 도시 브룬스비크를 침략할 계획이라는 사실을 들었다. 그녀는 어린 시절에 아르키메데스의 죽음에 얽힌 이야기를 읽었기에 가우스가 혹시 같은 방법으로 죽음을 당할까 두려웠다. 그녀는 프랑스 군대의 책임자였던 아버지의 친구 조세프-마리 페르네티 장군에게 도움을 요청했다. 그는 가우스의 집으로 프랑스 육군 장교를 보내 그가 안전하게 있을 수 있게 조치했다. 가우스는 자신의 생명을 구해준 마드모아젤 제르맹이 미스터 르 블랑이었다는 것을 알고 그때의 놀라움을 글로 남겼다. "내가 존경하며 편지를 교환했던 르 블랑씨가 갑자기 유명한 여성 수학자 소피 제르맹으로 변신한 것에 대해 나의 놀라움을 어떻게 표현할 수 있을까?" 가우스는 감사의 뜻으로 장문의 편지를 소피에게 보냈고, 후일 수학자로서의 그녀의 행보와 결과물에 대해 더욱 강력한 지지자가 되었다. 1810년에 가우스가 프랑스 협회로부터 명예상을 받았을 때, 소피와 프랑스 협회의 간사는 가우스에게 진자시계를 선물했다. 가우스는 살아 있는 동안 그 진자시계를 무척 소중히 여겼다. 가우스와 소피 제르맹은 직접 만난 적은 없었지만, 그들은 평생 동안 우정을 나누었다.

소피 제르맹 소수

소피와 르장드르, 그리고 가우스가 논의했던 아이디어 중 하나는 소수의 개념이었다. 소수는 약수로 1과 자신만을 갖는 자연수들로, 예를 들어 2, 3, 11, 17과 같은 수들이다. 즉, 소수는 1과 자신 외에는 다른 정수로 나누어질 수 없는 1보다 큰 자연수들이다. 13은 나머지 없이 13을 나누는 유일한 방법이 $13 \div 13 = 1$ 또는 $13 \div 1 = 13$이기 때문에 소수이다. 반면 14와 15는 $14 \div 2 = 7$과 $15 \div 3 = 5$이기 때문에 소수가 아니다. 소수를 작은 수부터 나열하면 2, 3, 5, 7, 11, 13, 17, 19, …가 되고 점차 수가 커질수록 소수를 찾는 것은 어려워진다. 소수는 무한히 많이 있기 때문에 영원히 계속해서 소수를 나열할 수 있다.

소피 제르맹은 명예롭게도 자신의 이름을 따 지어진 특별한 소수 유형을 연구했다. 어떤 소수 p에 대해 $2p+1$도 또한 소수일 때 p를 소피 제르맹 소수라고 부른다. 예를 들어 2는 자신이 소수이고 $2 \times 2 + 1 = 5$도 소수이기 때문에 소피 제르맹 소수이다. 소수 3도 $2 \times 3 + 1 = 7$이 소수이고, 소수 5도 $2 \times 5 + 1 = 11$이 소수이기 때문에 소피 제르맹 소수이다. 하지만 소수 7은 $2 \times 7 + 1 = 15$가 소수가 아니기 때문에 소피 제르맹 소수가 아니다. 르장드르와 가우스의 격려와 지지를 받으며 제르맹은 이런 소수 집합의 많은 특징을 발견했다. 거의 200년이 지난 지금도 수학자들은 여전히 소피 제르맹 소수를 연구하고 있다. 이런 수들은 안전한 디지털 서명을 만들기 위한 암호학에 적용되고, 정수론에서 알려진 가장 큰 수들인 **메르센 소수**와 밀접하게 연관된다. 연구자들은 컴퓨터를 사용하여 34,000자리가 넘는 것을 포함하여 수백만 개의 소피 제르맹 소수를 발견했다.

소수 p	$2p+1$	소수 p는 소피 제르맹 소수인가?
2	$2 \times 2 + 1 = 5$	그렇다. 2와 5는 소수이기 때문이다.
3	$2 \times 3 + 1 = 7$	그렇다. 3과 7은 소수이기 때문이다.
5	$2 \times 5 + 1 = 11$	그렇다. 5와 11은 소수이기 때문이다.
7	$2 \times 7 + 1 = 15$	아니다. $15 \div 3 = 5$이므로 15는 소수가 아니다.
11	$2 \times 11 + 1 = 23$	그렇다. 11과 23은 소수이기 때문이다.
13	$2 \times 13 + 1 = 27$	아니다. $27 \div 3 = 9$이므로 27은 소수가 아니다.
17	$2 \times 17 + 1 = 35$	아니다. $35 \div 5 = 7$이므로 35는 소수가 아니다.

페르마의 마지막 정리

소피 제르맹은 정수론에서 가장 유명한 문제인 페르마의 마지막 정리를 연구하면서 소수와 관련된 수학적 발견을 이루어냈다. 수천 년 동안, 수학자들은 방정식 $x^2 + y^2 = z^2$을 만족하는 $x=3$, $y=4$, $z=5$ 같은 정수 집합들이 무한히 많이 있다는 것을 알았다. 1630년대에 프랑스 수학자 피에르 드 페르마는 지수 n이 3 이상일 때 방정식 $x^n + y^n = z^n$을 만족하는 정수들이 없다고 주장했다. 페르마가 죽은 후에 수학자들은 이 주장을 제외하고 그가 언급했던 모든 정리들을 증명할 수 있었기 때문에 이것이 페르마의 마지막 정리가 되었다. 1660년경 페르마는 지수 $n=4$일 때 이 방정식이 해를 갖지 않는다고 증명했다. 1738년 스위스 수학자 레온하르트 오일러는 $n=3$일 때 해가 존재하지 않는다는 것을 증명했다. 1800년대까지 페르마의 마지막 정리가 참이라고 알려진 지수는 이렇게 단지 두 개뿐이었다.

그녀가 가우스에게 보낸 첫 번째 편지에서, 그녀는 p가 $p=8k+7$의 꼴을 가진 소수이고, $n=p-1$일 때 방정식 $x^n + y^n = z^n$을 만족하는 정수들이 없다는 증명을 담아 가우스에게 보냈다. 그녀는 $n=6, 22, 30,$ 46과 같은 무수히 많은 n의 값에서 페르마의 마지막 정리가 참이라는 것을 증명했다고 생각했다. 편지로 전달된 증명이 정확하지 않았지만, 가우스는 그녀의 독창적인 접근에 대하여 생각을 보완했고 그 문제에 관한 연구를 계속하도록 격려했다.

15년 이상 페르마의 마지막 정리에 관하여 연구를 계속한 결과

1820년대 초 그녀는 제르맹의 정리로 알려진 중요한 발견을 했다. 연구자들은 페르마의 마지막 정리를 보통 두 가지 경우로 나누는데, 하나는 방정식 $x^n+y^n=z^n$에서 정수 x, y, z 중 어떤 것도 n으로 나누어지지 않을 때이고, 다른 하나는 x, y, z 중 하나라도 n으로 나누어지는 경우이다. 제르맹의 정리에서, 그녀는 두 가지 중 첫 번째 경우, 즉 정수 x, y, z 중 어떤 것도 n으로 나누어지지 않을 때에 방정식 $x^n+y^n=z^n$을 만족하는 정수들이 없다는 것을 확인했다. 제르맹은 n이 100보다 작은 모든 홀수 소수에 대하여, 정수 x, y, z 중 어떤 것도 n으로 나누어지지 않을 때에 방정식 $x^n+y^n=z^n$을 만족하는 정수들이 없다는 주장이 참임을 보였다. 그녀는 더 나아가 모든 홀수의 소피 제르맹 소수에 관하여 이런 상태가 어떻게 작용하는지를 설명했다. 소피 제르맹은 n이 소수인 경우에 대하여 방정식 $x^n+y^n=z^n$을 만족하는 정수해가 없다는 것을 증명하는 일반적인 방법을 제시했던 것이다.

제르맹의 정리는 이 유명한 문제가 처음으로 언급된 이래 가장 중요한 진보였다. 1823년 르장드르는 프랑스에서 가장 뛰어난 과학자와 수학자들로 이루어진 기관인 프랑스 과학아카데미에 제출한 논문을 통해 수학계에 공식적으로 제르맹 정리를 발표했다. 그는 또한 그의 책 《수이론에 관한 에세이》 두 번째 판 부록 안에 그녀의 정리를 포함시켰다.

소피 제르맹 소수 개념이 일반화됨으로써, 르장드르는 197보다 작은 모든 홀수 소수에 제르맹의 결과를 확장시킬 수 있었다. 1908년 미국 수학자 L. E. 딕슨은 더 나아가 1,700보다 작은 모든 홀수 소수에 대하여 소피 제르맹의 연구를 일반화했다. 제르맹의 전략은 효과적이어서 1991년까지 수학자들은 그녀가 사용하던 전략을 이용하여 새로운 결과에 도달하면서 페르마의 마지막 정리를 증명하고자 계속 노력해왔다. 결국 3년 후 마침내 영국 수학자 앤드류 와일즈가 페르마의 마지막 정리를 증명하면서 수많은 사람들의 도전은 끝을 맺었다. 이 기나긴 문제와의 씨름에서 제르맹의 정리는 끊임없이 문제 해결에 대한 도전을 이끄는 강력한 도구였다.

진동하는 표면에 대한 연구

제르맹은 정수론에서 중요한 연구를 이루어낸 후 점차 순수수학에서 응용수학으로 연구의 방향을 바꾸기 시작했다. 제르맹은 과학 분야와 관련된 연구를 함으로써 진동하거나 탄성이 있는 표면에 대한 수학적인 해석에 중요한 기여를 했다. 진동은 물체가 시간이 흐름에 따라 하나의 점을 중심으로 반복적으로 왔다 갔다 하면서 움직이는 상태나 어떤 물리적인 값이 일정한 값을 기준으로 상하 요동을 보이는 상태를 말한다. 탄성은 외부 힘에 의해 모양이 변화된 물체가 그 힘이 없어졌을 때 원래 모습으로 되돌아가려는 성질로, 고무줄이나 스프링은 탄성이 높은 물체들이다.

1808년 독일 물리학자 에른스트 F. F. 클라드니는 아직 이유가 설명되지 않은 과학적인 현상에 대한 실험을 보여 주기 위해 파리를 방문했다. 그는 얇고 평평하고 원 모양인 유리나 금속판에 미세한 모래를 흩뿌리고, 그 판의 끝에 바이올린 활을 바짝 붙여서 문질렀다. 이런

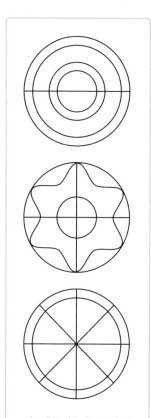

제르맹은 진동하는 표면 위에서 모래의 예상되는 형태와 왜 그러한 형태가 예상되는지를 설명하는 탄성론의 분석으로 프랑스 과학아카데미가 후원하는 경쟁에서 대상을 받았다.

실험은 진동하는 표면 위에 모래 입자들이 클라드니 도형이라 불리는 윤곽이 뚜렷한 곡선들로 스스로 정렬되도록 만든다. 곡선의 모양과 수는 다른 방식으로 활을 문지르는 것에 따라 달라질 수 있다. 그러나 이런 과학적인 실험은 결과를 예상할 수 있고 일관된 결과를 반복해서 만들 수 있었지만, 왜 그런 특정한 방법이 진동 형태의 반복된 결과를 만들어내는지는 어느 누구도 설명할 수 없었다.

수학과 과학을 잘 교육받은 프랑스 황제 나폴레옹 보나파르트는 이 진동 형태에 매혹되어 1809년에 수학자 피에르－시몽 라플라스에게 진동 패턴에 대한 수학적 설명을 발견하도록 대회의 계최를 요청했다. 그 대회는 과학아카데미에 의하여 후원되었고 심사되었다. 1kg의 순금으로 만들어진 메달인 대상은 2년 동안 벌어지는 대회의 우승자에게 상품으로 시상될 계획이었다.

유럽 전역에 걸쳐 제르맹을 비롯한 많은 수학자들은 진동 형태를 설명하는 방정식을 개발하기 위해 실험과 연구를 시작했다. 심사위원 중 하나였던 라그랑주는 그것을 설명할 수 있는 수학자들이 아직 없었기 때문에 문제를 풀 수 있는 사람이 없을 거라고 예상했다. 경쟁이 시작된 후 2년이 흐르고 마감 기한이 되어갈 무렵, 제르맹의 연구 논문만이 유일하게 대회에 참가 등록을 했다. 진동 패턴이 왜 일어나는지를 설명하는 그녀의 기초적인 접근은 정확했지만, 논문에는 수학적 계산에 약간의 실수가 있었다. 심사위원들은 1813년 10월까지 대회를 연장하기로 결정했다.

라그랑주는 제르맹이 수학적인 오류를 고치고 진동 형태를 더 정확히 묘사하는 **편미분방정식**을 만들도록 도왔다. 두 번째 최종 기한에 도달했을 때, 제르맹의 수정된 논문은 다시 유일하게 참가 등록되었다. 라그랑주의 방정식에 기초한 제르맹의 이론은 여러 가지 상황에서 알려진 실험 결과에 좀 더 밀접하게 일치했지만, 진동 표면의 현상을 충분히 설명하지는 못했다. 또한 제르맹은 충분히 이해하지 못하고 있던 이중적분 기술을 틀리게 사용했고, 물리적인 원리로부터 라그랑주 방정

편미분 변수가 여러 개인 다변수함수(多變數函數)에 대하여, 여러 변수 중 나머지 변수의 값을 고정시켜 놓은 채 하나의 변수를 주목하여 그 변수로 미분하는 일을 가리킨다.

방정식 문자를 포함하는 등식에서 문자에 어떤 특정한 수를 대입할 때만 성립하는 등식이다. 주어진 현상에 대해 구하고자 하는 값을 미지수로 놓고 등식을 세운 후 풀이하여 그 문제를 해결하는 데 사용한다.

식을 어떻게 얻었는지 보여주지 못했다. 심사위원은 제르맹의 연구물을 입선작은 아니지만 꽤 잘된 작품인 가작으로 뽑았고, 대회의 최종 기한을 2년 더 연장했다.

1815년 제르맹은 평면뿐만 아니라 일반적인 곡면에 대한 진동을 다룬 세 번째 논문을 제출했다. 제르맹의 논문이 모든 경우에서 진동 패턴을 충분히 설명한 것은 아니었지만, 심사위원들은 그녀의 이론의 독창성과 정교함에 감명을 받았고, 그녀에게 특별상인 대상을 수여하

기로 결정했다. 제르맹은 프랑스 과학아카데미가 수여하는 대상을 받게 되었지만 많은 대중들에게 주목받는 것에 익숙하지 않았기 때문에 1816년 1월 8일 메달 수여식에 직접 나타나지는 않았다.

1821년에 제르맹은 탄성에 대해 이전까지 연구한 것보다 확대되고 향상된 이론을 〈탄성 곡면의 질문에 관한 성질, 한계, 범위에 관한 의견과 이런 표면에 관한 일반적인 방정식〉이라는 제목으로 자비 출판했다. 이론이 여전히 다소 불완전하고 논문에 수학적인 오류가 포함되어 있었지만, 이 논문은 과학자와 수학자들 사이에 과학적인 토론을 촉진시켰고, 다른 사람들로 하여금 연구를 계속하도록 자극제가 되었다. 이 논문에서 제르맹은 다음과 같은 4차 편미분 방정식을 주면서 일반적으로 진동하는 탄성 곡면에 관한 법칙을 언급했다.

$$N^2 \left[\frac{\partial^4 p}{\partial x^4} + 2\frac{\partial^4 p}{\partial x^2 \partial y^2} + \frac{\partial^4 p}{\partial y^4} - \frac{4}{S^2}\left(\frac{\partial^2 p}{\partial x^2} + \frac{\partial^2 p}{\partial y^2} \right) \right] + \frac{\partial^2 p}{\partial t^2} = 0$$

이 방정식에서 N은 곡면의 두께를 나타내고, S는 곡면의 곡률 측정 값을, t는 시간을, x와 y는 곡면의 한 점의 좌표를, p는 진동의 진폭을 나타낸다. 오귀스탱 루이 코시는 제르맹이 이 연구로 영원한 명성을 얻을 것이라면서 그녀의 논문을 칭찬했고, 진동에 관한 이론을 연구하고 있던 끌로드 네이비어는 제르맹이 사용했던 방법이 복잡하고 높은 수준에 있는 것을 보고 연구에 경의를 표했다.

1822년 과학아카데미의 종신 간사 밥티스트 조제프 푸리에는 제르맹이 아카데미 모임과 아카데미 모임의 기원 조직인 프랑스협회에 참석하도록 해 주었다. 제르맹은 남성 위주의 수학 과학 사회에서 특권을 얻은 것이다. 그녀는 그 조직에서 최초의 미혼 여성 회원이 되었다. 그러한 명예를 통해 제르맹은 현재 논의되는 연구들에 더 잘 접근할 수 있는 기회를 얻었고 프랑스를 이끄는 수학자들을 만날 수 있게 되었다.

다음 10년 동안 제르맹은 그녀의 이론을 계속해서 발달시켰고, 표면의 진동에 대한 세 가지 논문을 더 썼다. 1825년 그녀는 프랑스협회에 '탄성 표면 이론에서 두께의 함수에 관한 연구 논문'이라는 제목으로 논문을 제출했다. 이 논문에서 그녀는 다양한 두께의 평평한 면들이 어떻게 다르게 진동하는지 설명했다. 그 논문에는 몇 가지 수학적인 오류들이 포함되었기 때문에 그 당시 논문을 읽은 수학자들은 제르맹의 논문을 무시했다. 논문은 55년 후에나 재발견되어 1880년 프랑스 잡지 〈순수 응용 수학 저널〉에서 출판되었다.

제르맹의 1828년 〈평행 법칙과 탄성체의 운동에 관한 이해를 이끌지도 모르는 원리에 관한 연구〉 논문이 〈화학과 물리학 연보〉에서 발행되었다. 이 잡지에서 제르맹은 경쟁자였던 시메옹 드니 푸아송에 대응했다. 푸아송은 제르맹의 연구를 비평하며 분자 수준에서 진동 현상을 설명하는 이론을 발표했다. 제르맹은 자신의 이론을 방어했고, 수학적 연구의 목적은 기초를 이루는 근거에 대한 이론을 제시하지 않고, 수학적인 용어로 현상들을 설명해야만 한다는 의견을 제안했다. 그 후 20년 동안 수학자들은 제르맹의 의견보다는 푸아송의 진동에 관한 분자 이론쪽을 더 찬성했다. 그러나 결국 현대 탄성 이론은 제르맹과 라그랑주에게서 파생된 방정식에 기초하고 있다.

1830년 제르맹은 진동하는 표면에 관한 그녀의 마지막 논문을 썼다. 〈표면의 곡률에 관한 연구 논문〉은 독일의 〈순수와 응용수학 저널〉에서 출판되었다. 이 논문에서 제르맹은 전체적으로 그녀의 진동하는 표면 이론을 요약했고 연구 과정에서 개발되었던 표면의 평균 곡률 개념을 설명했다. 곡률은 곡선 또는 곡면의 휜 정도를 나타내는 변화율로 면에 관한 곡률 개념은 2차원 곡선의 곡률 개념을 일반화한 것이었다. 가우스는 한 곡면 위에 각각의 점에서 최대곡률과 최소곡률을 곱한 가우스 전곡률을 소개했는데, 제르맹은 각각의 점에서 최대·최소 곡률의 평균을 얻는 것으로 이 착상을 수정했다. 제르맹의 평균곡률은 탄성이론 적용에 있어 더 유용한 측도를 제공했다. 미분기하를 공부하는 수학자들은 계속 그들의 연구에서 이 개념을 사용한다.

철학적 작품

제르맹은 수학에서 많은 연구를 하면서 다른 분야로 철학적 주제에 대한 글을 썼다. 제르맹이 썼던 철학 논문 중 두 개와 짧은 제르맹의 전기와 다른 수학자들에게 보낸 그녀의 편지 몇 가지를 발췌한 것이 1879년 《소피 제르맹의 철학적 연구》라는 제목으로 출판되었다. 〈다양한 생각들〉이란 제목의 첫 번째 논문에서 제르맹은 과학 분야의 몇 가지 주제에 관해 간결한 서술을 했고, 탁월한 수학·과학자들의 기여에 대한 평가와 다양한 주제에 관한 개인적인 의견을 제시했다. 두 번째 논문 〈과학의 상태에 관한 일반적인 고찰과 편지들〉에서는 과학,

철학, 문학, 예술이 공통으로 공유하는 목적, 방법, 문화적인 중요성을 논의했다. 오귀스트 콩트는 그녀의 글들이 사고의 단일성에 대한 주제에 대해 학문적으로 발전시켰다고 칭찬했다.

1829년 제르맹은 유방암 선고를 받았지만 그녀는 병을 이겨내며 부가적인 연구를 완성했다. 그녀는 생애 마지막 2년 동안 면의 곡률에 관한 마지막 논문을 구성했고 계속해서 다른 수학·과학자들과 서신교환을 했다. 제르맹은 다음과 같은 짧은 논문을 썼다.

'방정식 $4(x^p-1)/(x-1)=y^2 \pm pz^2$에서 y와 z값과 $4(x^p-1)/(x-1)-Y'^2 \pm pZ'^2$에서 Y'와 Z'의 값을 구성하는 방식에 대해서 주목하라.'

이 논문은 1831년 크렐레의 저널(순수 및 응용수학 저널)에 발표되었다. 그 즈음 가우스는 제르맹이 독일의 괴팅겐 대학으로부터 수학 분야 명예 학위를 받도록 준비하고 있었다. 그러나 불행하게도 제르맹은 축하식이 거행되기 전인 1831년 6월 26일, 55세의 나이로 생을 마감했다.

수학사에 획을 그은 제르맹 정리

제르맹은 살아 있는 동안 시대에 따른 차별로 인해 제대로 교육받지 못했고 그녀가 연구한 결과물에 대한 인정도 충분히 받지 못했다. 프랑스 정부 관리는 제르맹의 죽음을 발표하면서 그녀를 '수학자'가 아닌 '뚜렷한 직업이 없는 독신녀'라고 표현했으며, 그녀의 이름이나 학문적 업적은 거의 언급되지 않았다. 그러나 그녀의 연구에 대한 열정과 업적을 인정한 당시의 유명한 수학자들과 후대 수학자들은 계속해서 그녀를 기리고 있다.

소피 제르맹은 수학의 두 분야인 탄성론과 정수론에서 중요하고 지속적인 공헌을 이루었다. 수학자들은 그녀의 수상 논문에서 개발했던 개념을 발달시키면서 충분히 정확하게 진동하는 면에 관한 현상을 설명하는 탄성론을 만들었다. 제르맹이 그 과정에서 소개했던 곡면에 관한 평균곡률 개념은 계속해서 기하학자들에 의해 사용되고 있다. 정수론자들은 제르맹 정리를 페르마의 마지막 정리를 증명하는 데 걸린 350년 동안 중요한 이정표의 하나로 인정했다. 현재도 수학자들은 컴퓨터로 가장 큰 소피 제르맹 소수를 찾고 있으며 이전 기록을 깨려는 경쟁을 하고 있다.

지금 파리에는 제르맹을 기념하는 명예로운 세 가지 표시가 있다. 먼저 사브와 13가에 있는 그녀가 죽은 집에 걸린 명판이 그 역사적인 위치를 표시한다. 그리고 그녀를 기리기 위해 파리 시민들이 그녀의 이름을 따서 명명한 한 거리와 고등학교 한 곳이 있다.

카를 프리드리히 가우스

Carl Friedrich Gauss
(1777~1855)

수학은 모든 과학의 여왕이며 수론은 수학의 여왕이다.
겸손해서 종종 천문학이나 다른 자연과학에
도움을 주기도 하는 그 여왕은 모든 관계 안에서
최고의 자리에 오를 만한 자격이 있다.

— 가우스

수학의 왕자

카를 프리드리히 가우스는 19세기를 이끈 위대한 수학자였다. 가우스가 세상을 떠난 직후 하노버의 왕은 가우스를 기리는 기념 메달을 만들도록 했다. 이 메달은 하노버의 유명한 조각가이자 메달 제작자인 브레머에 의하여 완성되었는데 다음과 같은 글귀가 새겨졌다.

"하노버의 왕 조지 5세가 수학의 왕에게."

그 후부디 사람들은 가우스를 '수학의 왕' 또는 '수학의 왕자'라 부르게 되었다. 그는 수학의 왕답게 수학과 물리학의 거의 모든 분야에 있어서 많은 업적을 이루었는데, 특히 《정수론 연구》를 통해 정수론을 수학 분야의 하나로 자리 잡도록 만들었다.

가우스는 60년 동안의 연구 기간 중 처음 10년엔 산술의 기본 정리, 대수학의 기본 정리, 이차 상호법칙, 정다각형의 작도를 증명했고, 그 후 최소제곱법과 가우스 곡률 기술을 개발했다. 그의 착상은 수학의 다양한 분야인 자료 분석, 미분기하, 퍼텐셜이론, 통계, 적분, 행렬이론, 환론, 복소함수론에 두루 영향을 끼쳤다. 뿐만 아니라 물리 과학자로서 천문학, 측지학, 자기학, 전기학에도 중요한 기여를 했다.

'수학의 왕자' 가우스는 인류 역사상 가장 위대한 세 명의 수학자 중한 사람으로 추앙받고 있다.

놀라운 꼬마 천재

가우스는 1777년 4월 30일에 독일 브룬스비크에서 태어났다. 그는 어릴 때부터 자신을 '카를 프리드리히 가우스'라고 소개했고, 수학자, 과학자로 지낸 전 생애에 걸쳐 카를 프리드리히 가우스라는 이름으로 논문을 펴내고 서신을 주고받았다. 그의 아버지는 정원사, 벽돌 직공, 운하 직공을 지낸 육체 노동자였는데 배운 것이 많지 않았고 고집이 무척 셌다. 반면 어머니는 어려운 살림 때문에 가정부로 일해야 했지만 가우스가 공부하는 데 늘 용기를 북돋아 주었고 평생 동안 자식의 업적에 자부심을 가지며 살았다.

수학자들 중에는 많은 천재가 있지만 특히 가우스는 매우 어린 나이부터 재능을 드러냈다. 두 살 때 단어에 들어 있는 각각의 글자들을 따져 보면서 스스로 글을 깨쳤고, 세 살 무렵에는 아버지가 직공들에게 줄 주급을 정리한 장부에서 계산 착오를 발견했다. 초등학생이던 10살 무렵에는 버트너 선생님이 1부터 100까지를 모두 더하라는 문제를 학생들에게 내자 암산으로 $1+2+3+\cdots$

+98+99+100을 계산하여 금방 답을 말했다. 깜짝 놀란 선생님이 어떻게 푼 것인지 묻자 가우스는 또박또박 다음과 같이 설명했다.

먼저 1+100, 2+99, 3+98, …과 같이 101이 되도록 50개의 쌍으로 묶고 101×50=5,050이라고 계산한 것이다. 이것은 첫 항과 마지막 항을 더한 값에 항의 개수의 절반을 곱하는 등차수열의 개념으로, 그가 이미 수학에 대해 깊은 통찰력을 지니고 있었음을 보여 준다.

등차수열 $1, 2, 3, \cdots, n-2, n-1, n$까지의 합은

$\displaystyle\sum_{k=1}^{n} k = \dfrac{n(n+1)}{2}$ 이다.

$n=100$일 때, $\displaystyle\sum_{k=1}^{100} k = 1+2+3+\cdots+98+99+100$

$= \dfrac{100(101)}{2} = 5050$이다

10살 때 1부터 100까지 수를 더하는 동안, 가우스는 수열의 항을 합하는 고전적인 공식을 재발견했다.

가우스의 수학적 재능을 알아보았던 사람들 중 한 명이었던 버트너 선생님은 늘 이 재능 있는 소년에게 특별한 관심을 가졌다. 가우스의 공부에 도움이 될 책을 선물하고, 방과 후에도 아이디어를 발전시킬 수 있는 연구를 할 수 있도록 부모님을 설득하기도 했다.

가우스는 고등학교를 다니면서 카롤린 대학 교수 E. A. W. 짐머만에게 따로 지도를 받았는데, 짐머만 교수의 소개로 칼 빌헬름 페르디난드 공작과도 인연을 맺게 되었다. 그의 수학적 재능에 감명받은 페르디난드 공작은 대학 교육비뿐만 아니라 무려 15년 동안 줄곧 장학금을 지원하며, 가우스가 오로지 수학 연구에 집중할 수 있도록 적극 도와주었다.

최소제곱법과 2차 형식에 관한 상호법칙 발견

15살이 된 가우스는 브룬스비크 카롤린 대학의 학생이 되었고, 3년 동안 많은 연구 결과를 내놓았다. 그는 50자리 소수의 제곱근을 정확하게 계산하는 두 가지 방법을 개발했고, 평행공준이 유지되지 않는 기하 체계를 연구했으며, 그러한 비유클리드 기하에서 참이 되는 특성들을 발견했다. 또한 큰 수를 가지고 빠른 계산을 할 수 있는 타고난 능력으로 인해 두 가지 중요한 발견을 했는데, 이 중 하나는 너무도 중요한 것이어서 수학계에서 가우스의 명성을 확고하게 해 주었다.

가우스는 변량 각각의 변화가 그 집합의 평균에 미치는 영향을 연구하면서 최소제곱법을 개발했다. 이 최소제곱법은 가우스가 18세 때 소행성의 궤도를 계산하기 위해 발견했다고도 하고 수학자 르장드르가 창시한 것을 가우스가 완성했다고도 한다. 최소제곱법은 그래프로 그려진 자료 점들의 집합에 대하여, 점들의 집합에 가능하면 가깝게 통과하는 직선 또는 곡선을 발견하는 알고리즘을 제공한다. 자료 분석의 가장 중요한 기술 중 하나인 '가우스의 최소제곱법'은 통계에서 자주 사용될 뿐 아니라 모든 과학 분야에서 사용된다. 이 방법은 특히 정확하게 측정하기 어렵거나 자연스러운 변화로 생기는 오류를 포함할 가능성을 가진 자료를 가지고 작업할 때 유용하다.

가우스는 또한 $49=7^2$, $100=10^2$과 같이 한 정수의 제곱꼴로 나타낼 수 있는 완전제곱수와 2, 3, 5, 7처럼 1과 자신 이외에 다른 양의 정수로 나누어지지 않는 소수 사이의 중요한 관계를 발견했다. 예를 들어 소수 3과 13은 $13+3\times4=25=5^2$과 $13+3\times12=49=7^2$처럼 13과 3의 배수를 더하여 많은 완전제곱수를 만들 수 있다. 그리고 거꾸로 $3+13\times6=81=9^2$과 $3+13\times22=289=17^2$처럼 3과 13의 배수를 더하여 완전제곱수를 만들 수도 있다.

하지만 소수 3과 7에서는 $7+3\times6=25=5^2$과 $7+3\times19=64=8^2$처럼 7과 3의 배수를 더하여 완전제곱수를 많이 만들 수는 있지만, 3에는 어떤 7의 배수를 더해도 완전제곱수가 만들어지지 않는다는 것을 알아냈다. 또한 소수 3과 5은 3에 5의 배수들을 더하든 5에 3의 배수를 더하든 둘 다 완전제곱수를 만들 수 없다는 것도 발견했다.

가우스는 홀수인 두 소수가 위에서 설명한 것과 같은 3과 13의 타입, 3과 7의 타입, 3과 5의 타입 중 어떤 경우에 해당되는지 알 수 있는 규칙을 발견했다. 문제의 실마리는 바로 두 소수가 4에 의하여 나

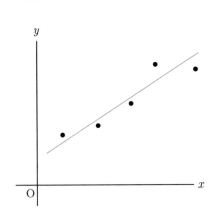

대학생 시절 가우스는 자료의 점집합에 회귀직선을 일치시킬 수 있는 최소제곱법을 개발했다.

누어질 때가 있다는 것이었다. 즉 소수 p와 q를 4로 각각 나누어 둘 다 나머지가 3일 때, 한 형태의 완전제곱수는 있지만 다른 형태의 완전제곱수는 없다. 만약 4로 나누어 p 또는 q의 나머지가 1이면 두 형태의 완전제곱수가 모두 있고, 마지막으로 둘 다 나머지가 1이면 두 형태의 완전제곱수가 모두 없다.

회귀직선 회귀곡선을 최소제곱법으로 수정하여 얻은 일차함수의 직선

정수론자들은 이러한 제곱잉여의 상호법칙, 즉 2차 형식에 대한 상호법칙을 증명하려고 50년 동안 시도해왔다. 그중 레온하르트 오일러는 1783년에, 아드리앙 마리 르장드르는 1785년에 증명의 중요한 부분을 제공했고, 1795년 가우스가 18세 생일 바로 한 달 전에 드디어 긴 수학적 논쟁의 종지부를 찍으며 증명을 완성하게 된다.

묘비에 새겨진 정17각형

1795년 카롤린 대학을 졸업한 가우스는 수학 또는 언어학 학위를 얻기 위해 괴팅겐 대학에 등록했다. 이 무렵 그는 같은 길이의 변과 같은 크기의 내각을 가진 정17각형을 작도하는 것이 가능하다는 것을 알아냈다. 또한 원분다항식의 근에 대해 증명했던 결과로부터, 눈금 없는 자와 컴퍼스만으로 작도가 가능한 정n각형은 n이 2의 거듭제곱의 곱이거나 소수이면서 $2^{2k}+1$로 표현되는 페르마 소수의 곱이라는 일반적인 결론을 내리게 되었다. 짐머만은 이런 가우스의 증명을 〈일반적인 학문의 지성적인 잡지〉의 '새로운 발견'이라는 장에서 발표했다. 2000년 이상 곤혹스럽게 했던 이 고전 문제에 대해 가우스가 성공적인 답을 내놓자 수학자들은 가우스가 수학에 모든 노력을 바치고 있다고 확신했다. 가우스는 이 발견을 그의 가장 위대한 성과물 중 하나로 여겼고 자신의 묘비에 정17각형을 새겨 달라고 유언을 남겼다.

괴팅겐 대학에서 지낸 3년 동안, 가우스는 많은 고전적인 추측들을 증명해냈고, 잘 알려진 결과에 대해서는 새로운 증명을 개발했다. 예를 들

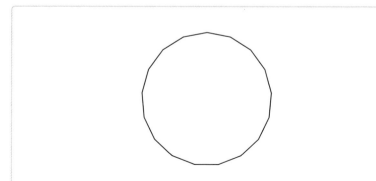

정17각형 작도의 성공은 가우스가 평생 수학을 추구하도록 했다.

어 양의 정수는 한 가지 방법으로 소인수분해 된다는 산술의 기본 정리에 대한 첫 번째 증명을 했다. 또한 산술-기하 평균과 이항정리에 대한 결과를 재발견했다. 가우스는 자신의 삶을 회상하면서 이 기간 동안에는 생각들이 너무나 빨리 떠올라서 메모하기도 힘들었다고 추억했다.

1798년 가우스는 헬름슈테드 대학으로 옮겼는데, 수학 도서관이 매우 넓은 곳이어서 고전과 현대 수학의 연구 결과를 더 많이 접할 수 있었다. 그리고 1년이 흐른 뒤 가우스는 연구를 완성해 요한 프리드리히 파프를 명목상의 지도 교수로 한 수학 박사학위를 받았다.

그는 박사학위 논문 〈한 변수에 관한 모든 유리적분함수가 일차 또는 이차 실인수로 분해될 수 있다는 새로운 증명〉에서 대수학의 기본 정리에 관한 첫 번째 완전한 증명을 해냈는데, 다항식의 인수에 관련된 이런 기본적인 정리에 관한 증명은 아이작 뉴턴, 레온하르트 오일러, 조제프-루이 라그랑주를 포함한 다수의 유명한 수학자들이 도전했으나 성공하지 못했던 것이었다.

수학의 여왕인 정수론

가우스는 수학자로 활동하던 초기 시절에 정수와 산술의 특징을 다루는 정수론 영역을 집중 연구했다. 그는 평소 정수론을 학문의 시작이자 가장 중요한 부분이라 여겼기 때문에 '수학의 여왕'이라고 불렀다.

정수론에 대한 가우스의 연구 결과는 《정수론 연구》(1801)에 담겨져 있다. 그 책은 모두 7장으로 이루어져 있고, 초기 수학자들의 연구가 체계적으로 요약되어 있다. 뿐만 아니라 몇 가지 난제에 대한 해답과 새로운 개념 및 미래의 정수론 연구자들에게 방향을 제시하는 도전적인 과제들을 제시했다. 또한 정17각형의 작도 방법과 이차 형식에 관한 새로운 요소, 합동인 정수들, 소수의 분포, 모듈라 방정식이 들어 있고, 이차 형식에 관한 상호법칙과 산술의 기본 정리, 대수학의 기본 정리에 관한 증명들이 모두 포함되었다. 가우스는 늘 지지와 격려를 아끼지 않았던 후원자 칼 빌헬름 페르디난드 공작에게 이 책을 헌정했다.

《정수론 연구》가 출판되자 유럽의 뛰어난 수학자들은 당대의 걸작이라고 칭송했다. 라그랑주는 이 책으로 인해 가우스가 유럽 최고의 수학자 위치에 오르게 되었다는 편지를 보냈다. 디리클레는 여행 다닐 때마다 이 책을 가지고 다녔으며 심지어 베개 아래에 넣고 잘 정도였다.

정수론을 집대성했고 수학의 중요한 분야로 확립시킨 가우스의 연구는 당시 유럽의 뛰어난 수학자들의 칭찬을 불러왔지만 실제로 그 책을 완벽하게 이해하는 수학자들은 손에 꼽을 정도였다. 왜냐하면 매우 간결하면서 품위 있는 설명으로 서술되어 있었고, 논증이 정확하고 세밀하였으며, 당시의 수학보다 상당히 앞선 내용이었기 때문에 쉽게 접근하기가 어려웠던 것이다. 50년이나 지난 후에 디리클레 등의 학자가 그 책을 상세하게 해석하고 재설명하고서야 이해가 가능하게 되었다. 정수론의 중요한

결과에 대한 우아한 증명들로 가득 채워진 이 책은 오늘날에도 역사상 가장 위대한 수학 책 중의 하나로 여겨지고 있다.

별이 움직이는 길

가우스는 정수론에 관한 책을 완성한 후에 천문학 분야로 눈길을 돌렸다. 1801년 새해 첫날, 천문학자 주세페 피아치 사제는 이탈리아 시칠리아 팔레르모 천문대에서 '세레스'라고 이름 붙인 새로운 소행성을 발견했다. 그는 소행성이 태양 뒤로 사라지기 전 41일간의 위치 관찰 결과 대략 10달 후에 태양의 다른 부분에 다시 나타날 것이라고 예측했다.

많은 수학자, 과학자, 천문학자들은 세레스가 다시 나타날 정확한 시간과 위치를 알아내려고 노력했지만 모두 실패했다. 하지만 가우스는 최소제곱법과 피아티의 3가지 관찰만을 이용해, 세레스의 궤도에 대한 정확한 방정식을 만든 뒤 독일의 주요 천문학 저널인 〈지리학적 천문학적 지식을 지지하는 월간 통신〉의 9월 발행물에서 '세레스의 궤도 경사'라는 제목으로 발표하여 세레스의 출현 시간을 예측했다. 그의 예견은 적중하여 12월 7일 세레스가 다시 나타났으며 가우스는 응용과학자로서도 인정받게 되었다.

가우스는 이러한 성공을 계기로 천문학 분야에서도 많은 연구를 하게 되었다. 그는 1802년과 1808년 사이에 행성, 혜성, 소행성의 궤도에 관한 관찰과 이론들을 담은 15개의 논문을 썼는데, 이들 중 〈월간 통신〉의 '소행성 주노, 베스타, 팔라스에 대한 관찰'(1808)에서는 당시 새로 발견된 세 소행성의 궤도에 관한 정확한 방정식을 내놓았다.

그는 후견인 페르디난드 공작이 사망하자, 몇몇 대학에서 수학 교수 직 제안을 받았지만 모두 거절했고, 대신 괴팅겐 대학 천문대의 책임자가 되어 48년 동안 천문대를 관리하며 열정적으로 활동했다. 동시에 천문학에 관한 이론 연구와 수학과 천문학 강의를 했는데, 그가 관찰한 천문학에 관한 내용은 정기적으로 출간되었다.

19세기의 첫 10년은 가우스에게 매우 의미 있는 시기였다. 1805년에는 가죽 세공 기술자의 딸인 요한나 오스토프와 결혼해 1809년까지 조제프, 빌헬미네, 루드비히라는 세 아이를 낳았다. 가우스는 훗날 이세 아이의 이름을 주세페 피아치, 빌헬름 올버스, 루드비히 하딩으로 바꾸었는데 소행성 세레스, 팔라스, 주노를 발견했던 천문학자의 이름이다. 가우스는 첫 번째 부인이 사망하기 전까지의 이 4년을 생애 중 가장 행복한 시간으로 기억했다.

부인이 세상을 떠나고 1년이 흐른 후, 가우스는 그녀의 가장 친한 친구이자 괴팅겐 대학 법학 교수의 딸인 프리데리카 빌헬미네 발덱과 결혼했다. 그는 두 번째 부인과의 사이에서도 세 아이를 낳으며 일상적인 생활을 하면서도 첫 번째 아내와 후원자였던 페르디난드 공작의 죽음을 잊지 못한 채, 소중한 사람들을 잃은 큰 슬픔에 빠져 있었다. 그래서 평생 많은 수학자, 과학자들과 수천 통의 편지를 주고받았음에도 불구하고 깊은 우정을 맺지 못했고, 자녀들과도 살가운 정을 나누지 못했다.

가우스가 펴낸 천문학 이론서 《원뿔곡선으로 태양 주변을 회전하는 천체의 움직임에 관한 이론》(1809) 제1권은 미분방정식과 원뿔곡선에 관한 수학 이론의 배경을 담고 있고, 제2권은 소행성, 혜성, 달 또는 행성의 궤도를 결정하는 데 최소제곱법을 사용하는 방법을 설명했다. 가우스가 원형, 타원형, 포물형, 쌍곡선형 중 어떤 것인지 모르는 상태에서 수학적인 계산만으로 행성의 궤도를 결정하는 방법을 제시했기 때문에 천문학자들은 이 연구를 천문학 분야의 중요한 공헌으로 여겼다.

1802년에서 1818년 사이에 그가 발표했던 65권의 책과 논문들 대부분이 천문학에 관한 내용이었지만, 《괴팅겐 과학 왕립협회의 논평집》을 통해 기초수학 이론과 수학의 다른 주제에 대하여 다수의 논문을 펴내기도 했다. 《특이급수 합에 대한 질문》(1808)은 가우스 합에 관하여, 《무한급수에 대한 일반적인 연구》(1812)는 무한급수와 초기하함수를 소개했다. 또 《새로운 방법에 의해 처리된 구면 타원형 동차 입체의 끄는 힘에 관한 이론》(1814)에서는 퍼텐셜이론에 중요한 아이디어를 제공했고, 《근사를 이용한 적분값 구하기에 관한 새로운 방법》(1814)을 통해 근사 적분 분야에 중요한 업적을 쌓았다. 〈천문학 저널〉의 '관찰의 정확도 결정'(1816)에서 통계적 추정량의 분석을 보여 준 것도 빼놓을 수 없는 연구 업적이다.

누가 먼저 발견한 것인가

가우스 인생에 있어 최대의 스캔들이 터졌다. 가우스의 《운동 이론》(1809)이 출판되자, 르장드르가 자신의 아이디어를 도용당했다고 주장하고 나선 것이었다. 르장드르는 자신이 3년 앞서 《혜성의 궤도 결정에 관한 새로운 방법》의 부록에 최소제곱법을 넣어 출판했는데도 가우스가 최초 착안자인 양 발표했다며 비난했다. 르장드르는 자신의 연구와 최소제곱법에 대한 주장을 인정받기 위해 수년 동안 싸웠다. 가우스는 자신이 대학 시절 이미 최소제곱법을 발견했고, 세레스의 궤도를 결정하는 과정에서 이용했을 뿐이라고 말했지만 그의 주장은 기록으로 남겨져 있지 않았다.

이런 종류의 논쟁은 가우스의 일생 동안 끊임없이 반복되었다. 아일랜드의 해밀턴이 사원수라 불리는 비가환 대수 대상을 발견했다고 발표했을 때, 프랑스의 코시가 복소함수의 적분에 대한 중요한 이론을 출판했을 때, 독일의 야코비가 타원함수의 순환 특성에 대한 글을 썼을 때, 가우스는 먼저 발견했지만 연구 결과를 발표하지 않았다고 강력하게 주장했다. 그뿐만이 아니었다. 헝가리의 볼리아이와 러시아의 로바체프스키가 비유클리드 기하의 발견을 알렸을 때도 가우스는 자신은 이미 카롤린 대학 시절에 같은 결론에 도달했다고 주장했다.

이런 논쟁에 휩쓸리게 된 데는 가우스의 완벽주의 성향 탓이 컸다. 그는 수학 연구에 철학적으로 접근했기 때문에 발견한 것을 공표하기 전에 항상 연구 주제를 충분히 조사하고 그 결과를 계속해서 다듬었다. 가우스의 좌우명인 '수[數]는 적으나, 완숙하였도다'에 충실하게, 더 간결한 증명과 더 우아한 설명을 찾으면서 자신이 만든 증명을 다시 연구하곤 했던 것이다.

가우스는 평생 동안 대수학의 기본 정리의 증명을 4가지나 만들었고, 2차 형식에 대한 상호법칙의 증명도 8가지나 했다. 그가 발표했던 수학 논문과 책은 수학사에 중요한 공헌을 했다. 하지만 비평가들은 그가 미발표 작업의 공유를 내켜하지 않았기 때문에 수학계의 반감을 샀고, 수학적 발견을 느리게 했을지도 모른다고 비판했다.

가우스는 18년 동안 머릿속에 처음 떠오르는 수학적 발견들을 일기에 적었다. 일기에는 날짜와 함께 146개에 달하는 발견 내용이 요약되어 있었다. 1796년 3월 30일에 기록된 첫 번째 내용은 정17각형을 작도하는 방법의 발견에 관한 것이었다. 이 기록들은 그가 겪었던 많은 논쟁을 해결해 줄 수 있었지만, 죽기 전까지 어느 누구에게도 공개하지 않았다.

가우스가 세상을 떠나고 40여 년이 지난 후에야 마침내 공개된 이 일기는 그가 다른 수학자들에게 보낸 수천 통의 편지와 더불어 평생의 논쟁거리들에 대해서 그의 주장이 옳았음을 증명하는 증거가 되었다.

측지학과 미분기하학

가우스는 1818년에 접어들면서 약 10년간 토지 측량과 지도 제작의 과학인 측지학 및 곡면에 관한 연구를 다루는 수학인 미분기하학의 이론에 많은 관심을 기울였다.

가우스는 천체를 정확하게 측정하려면 지구 표면의 어느 곳에 천문대를 세우는 것이 좋을까 생각하다가 측지학에 흥미를 갖게 되었다. 이러한 흥미는 논문 〈문제의 일반해: 모두 상세히 그 이미지가 원래 이미지에 유사하도록 주어진 표면 위의 상을 다른 표면 위에 표현하는 것〉 (1822)으로 이어져 덴마크의 코펜하겐 아카데미가 지원하는 대회에서 상을 타기도 했다. 이 논문에서는 등각 사상의 첫 번째 일반적인 표현법과 등거리 사상 이론의 초기 아이디어를 소개해 이후에 발표된 논문들과 함께 지리학자로 하여금 지구의 둥근 표면의 큰 부분에 대한 정확한 평면 지도를 만들게 하는 가우스-크루거 도법을 탄생하게 했다.

한편 미분기하에 관한 주요한 연구는 《논평집》의 '곡면에 대한 일반적인 연구'(1827)에 나타나 있는데, 미분기하에 관한 한 세기의 연구를 요약하고, 표면의 곡률 양을 정하기 위해 적분 기술을 이용한 가우스 곡률을 소개했으며, 가우스 곡률이 표면에 관한 등거리 사상에 의하여 유지된다는 '뛰어난 정리$^{theorema\ egregium}$'를 증명했다.

1820년 영국 왕 조지 4세는 가우스에게 당시 영국의 통치 아래 있던 북독일의 24,140 ㎢ 에 달하는 도시 하노버를 측량하도록 했다. 가우스는 정확한 측정을 위해 관찰자가 5 ㎞ 떨어진 거리에서 장치를 볼 수 있도록 태양빛을 반사하는 렌즈와 거울을 이용하는 기계인 회광기(일광 반사기)를 발명했다. 또한 지구의 자전으로 인해 태양 위치가 점진적으로 변화하는 것을 고려해 회광기를 매 4분마다 재조정하는 기계장치를 제작했다. 그는 이 프로젝트를 수행한 20년간 수천 개의 도량법을 만들었고 백만 번이 넘는 계산을 수행했다. 그러나 완성된 지도가 토지 연구가 아닌 지리학과 군사적 목적에 유용하다는 사실과, 수집한 자료 역시 애초에 바랐던 지구 반지름을 계산하는 데는 정확도가 현저히 떨어진다는 것을 알고 몹시 실망했다.

자기학과 전기학

가우스는 하노버 토지 조사 연구원과 괴팅겐 천문대 책임자를 맡아 일하면서 자기학과 전기학을 연구했다. 그러던 중 과학협의회 '자연 연구자들의 모임'을 위해 3주간 베를린에 머무는 동안, 전자석 실험을 수행하던 독일의 젊은 물리학자 빌헬름 베버를 만나게 되었다. 이때의 만남을 계기로 가우스와 베버는 7년 동안 함께 연구를 하며 많은 성과물을 탄생시켰다. 그들은 함께 실험하기 위해 괴팅겐 대학 내에 전적으로 비자석 금속을 만드는 실험실을 계획·건설했고, 이곳에서 전자석 전신기를 발명했으며, 1분마다 8개 단어를 보내는 속도로 메시지 전송을 가능하게 하는 코드를 고안해냈다. 그들은 그 실험실에서 1㎞나 떨어진 다른 실험실까지 전선을 깔았고 수년 동안 이 기계를 사용했지만 상업화시키는 데는 성공하지 못했다. 불행히도 그 무렵 미국인 모르스와 스위스인 슈타인하일이 같은 종류의 전신기를 더 빨리 개발했던 것이다.

가우스와 베버는 지구 표면의 자기력 측정을 지시하는 세계적인 관찰 연락망인 자기학협회를 만들었고, 협회원들의 연구를 출판한 저널 〈자기학협회의 관찰로부터의 결과…〉(1837~1842)를 펴냈다. 세계적인 과학자들과의 공동 연구를 통하여 지구 표면에 관한 자기장 지도인 〈지구자기학 지도책〉(1840)을 만들기도 했다.

가우스는 지구 표면 위의 다른 장소에서 나타나는 자기력에 대한 연구로 지구자기학에 공헌했고, 지구자기력의 강도를 측정하는 기계인 두 가닥으로 감기는 자기계를 발명했고, 《논평집》의 '절대적 측정에 의

한 지구 자력의 세기 재고'(1833)에서는 물리적 힘이 없는 전기량에 대한 거리, 크기, 시간에 관한 절대적 단위의 체계적인 사용을 소개했다. 또한 《*Resultate*》의 '지구자기학의 일반적인 이론'(1839)에서 북극점, 남극점이 지구의 유일한 두 자력점일 수 있다는 것을 증명했는데, 그 과정에서 자성 남극점의 위치를 이론적으로 결정했고, 그것이 지구 자전축의 끝점인 지리학적인 남극점과 일치하지 않음을 추정했다.

한편 《제곱이 역 관계에서 나타날 때 밀고 당기는 힘의 관계에 관한 일반적인 학설》(1840)에서는 수학계에서는 최초로 퍼텐셜이론을 체계적으로 다루었는데, 관찰되는 자연 현상과 과학적 이론을 생생히 연결하는 데 필요한 퍼텐셜이론의 연구 및 최소제곱법을 소개했다.

가우스가 무엇보다 전기학과 자기학에 공헌한 가장 중요한 부분은 가우스 법칙으로 알려진 원리를 개발했다는 것이다. 자기학 법칙은 어떤 닫힌 표면을 통한 전기 유동이 표면에 의하여 둘러싸여진 통신망 전하에 비례함을 말해 주는데, 이 비례에 관한 연구는 그가 죽은 후에야 알려지게 되었다. 이 가우스 법칙은 단일 전자기 이론을 표현하는 4가지 맥스웰 방정식 중 하나인데, 과학자들은 이 공헌의 중요성을 인정하여, CGS 체계에서 자력의 측정 단위를 '가우스'로 정의했다.

다른 발견들

가우스는 천문학, 측지학, 자기학, 전기학에 관한 연구뿐만 아니라, 과학의 다른 분야에도 많은 공헌을 했다. 액체의 흐름을 다루는 수학적 기술과 음향학에 대한 기초 연구를 했고, 복합 렌즈의 고안에 대한 논문을 썼으며, 오늘날에도 여전히 사용되는 가우스 렌즈를 발명했다.

가우스가 특별히 수학에 공헌한 분야는 정수론, 기하학, 미분기하학, 복소함수론, 퍼텐셜이론 등 매우 광범위했다. 그는 미분 방정식 풀이의 새로운 기술을 발견했고, 곡면에 관한 연구는 새로운 위상기하학 분야에 크게 기여했다. 또한 정규곡선, 정규 또는 가우스분포, 초기하함수의 발견은 통계학에 있어서 매우 앞선 지식이었으며, 행렬 이론의 가우스 소거법은 연립선형방정식을 포함하는 문제들을 해결할 수 있게 해주었다. 가우스 정수라 불리는 실수와 허수 부분이 정수인 복소수들은 환環이론에서 기본적인 개념이다.

사람들이 가우스에게 어떻게 이런 중요한 발견을 많이 할 수 있었는지 물으면 그는 '내가 했던 것만큼 오랫동안 연구에 집중하는 사람은 누구나 똑같은 것을 할 수 있었을 것'이라고 말하곤 했다.

가우스는 괴팅겐 대학에서 또 다른 방식으로 공동체를 위해 일하기도 했다. 나중에 많은 업적을 낳은 수학자가 된 데데킨트와 리만을 포함한 박사 과정의 여러 학생들을 지도했으며 학부의 학장으로 여러 번 봉사했다. 또한 통계에 대한 지식과 뛰어난 외국어 실력을 이용하여, 사망한 교직원 부인과 가족에게 재정적 지원을 제공하는 '미망인 기금'에 대한 국제적인 투자를 유치했다. 가우스는 재산 관리에도 통찰력 있는 전략을 적용하여 상당한 부를 축적하기도 했다.

1855년 2월 23일, 가우스는 77세를 일기로 괴팅겐의 자택에서 잠을 자면서 조용히 숨을 거두었다.

위대한 수학자

가우스는 19세기를 대표하는 수학자로 수학과 물리학 분야에 중요한 기여를 했다. 그는 걸작《정수론 연구》에서 2차 상호법칙, 산술의 기본 정리, 대수학의 기본 정리에 관한 증명과 정다각형의 작도 능력을 보여주었고, 정수론을 집대성하여 수학의 중요한 한 분야로 인식시킨 2차 형식과 모듈러 산술에 관한 연구도 발표했다. 가우스 곡률의 개념 발달은 미분기하학에서 중요하게 사용되는 엄밀한 기술을 제공했고, 최소제곱법은 모든 양에 관련된 분야에서 본질적인 자료 분석법으로 사용되었다. 가우스의 퍼텐셜 이론, 통계학, 미적분, 행렬 이론, 환론, 복소함수론에 관한 연구 업적들은 수학의 각 분야를 구체화시켰고 그 중요성이 널리 알려졌다. 또한 가우스 법칙은 전기-자기학 이론에서 중요한 결과이며, 천문학의 행성 궤도 연구와 측지학의 곡면에 대한 사상, 지자기 이론에 대한 기여는 물리적 과학 분야에서 빼놓을 수 없는 것이다.

전 생애에 걸쳐 보여준 놀라운 재능과 공헌들로 인해 가우스는 동료 수학자들에게 '수학의 왕자'라 불리는 명예를 누렸다. 그는 고대 그리스의 아르키메데스처럼 동시대에 대두된 주요한 수학 문제들을 모두 풀었고, 수학 전분야에 지대한 공헌을 했으며, 실용적인 기구들을 다수 발명했다. 또한 영국인 아이작 뉴턴처럼, 수학과 과학의 고전 문제들을 살펴보았고, 다른 사람들이 미처 알지 못했던 깊은 진리들을 발견했다.

수학 역사상 가우스는 아르키메데스, 뉴턴과 함께 가장 위대한 수학자로 존경받고 있다.

메리 페어팩스 소머빌

Mary Fairfax Sommerville
(1780~1872)

메리 페어팩스 소머빌은 자신의 수학적 지식을 이용하여
천문학, 물리학, 지리학, 현미경 구조에 관한
대중 과학 도서를 썼다.

– 미국의회도서관

대중을 배려한 과학의 여왕

과학과 수학은 사람들의 생활에 영향을 미치며 오랫동안 성장해왔다. 하지만 실제로 그 분야에 관여하는 사람들은 전문적인 과학자, 수학자 혹은 혼자서 그 주제에 몰두하는 아마추어 수학자, 과학자였고, 자연과학은 그들만의 특별한 영역이었다. 19세기에 들어서면서 이 성역과도 같은 분야는 어느 정도 교육을 받은 사람이면 읽을 수 있는 대중 과학 도서의 등장으로 조금씩 무너지게 되었다. 메리 페어팩스 소머빌은 19세기에 유럽에서 수학과 과학 분야를 이끈 여성 중 한 명으로, 사람들이 수학과 과학을 친밀하게 여기게끔 한 대표적인 대중 과학 작가였다. 시대적 상황 때문에 여성인 그녀는 제대로 교육받을 수 없었지만, 평생 동안 독학에 열중해 수학과 과학의 진보된 이론들을 익히고 숙달했다. 소머빌은 혜성에 대하여 글을 썼고 여성 교육을 옹호했다.

그녀가 이룬 가장 주요한 성과는 천문학, 물리학, 지리학, 현미경 구조에 관한 4권의 책으로, 유럽과 미국에 걸쳐 널리 배포되면서 좋은 평판을 얻었고, 일반 대중들이 진보된 과학 이론에 접근하기 쉽게 했다. 다양한 과학 분야에서 소머빌이 작가로서 이룬 업적은 국내외로 수학과 과학계에서 그녀의 인지도를 높였다.

제드버러의 장미

메리 페어팩스는 1780년 12월 26일에 태어났다. 그녀의 아버지는 영국 해군 출신으로 후에 해군 중장 지위에 올랐다. 그녀의 어머니는 남편을 배웅한 뒤 영국 런던에서 돌아오는 도중에 스코틀랜드 제드버러에 살던 여동생을 만나기 위해 갔다가 그곳에서 메리를 낳았다.

메리의 가족들에게는 미국의 제1대 대통령 조지 워싱턴을 포함하여 많은 유명한 친척들이 있었지만, 아버지의 해군 봉급으로 검소한 생활을 했다. 메리는 어린 시절 형제자매들과 함께 스코틀랜드의 번티스랜드 바닷가 마을에서 소박하게 보냈다. 부친의 계급이 올라가면서 점차 교육 기회를 포함하여 가족들에게 더 좋은 생활환경이 주어졌다.

1789년 메리의 부모는 그녀를 뮤셀부르크에 있는 상류 여학교에 보냈고, 그녀는 그곳에서 정식 교육을 받았다. 교장 미스 프림로즈는 학생들에게 바른 생활 태도와 적절한 예의를 갖추게 하였고, 사무엘 존슨의 영국어사전 내용을 암기시켰다. 메리는 학교의 엄격한 규율을 싫어했지만 영어와 프랑스어로 읽고 쓰는 것을 배웠고, 평생 동안의 취미가 된 독서에 흥미를 느끼기 시작했다.

스무 살까지 메리와 그녀의 가족은 스코틀랜드의 수도 에든버러에서 매년 겨울을 보냈다. 몇 달 동안 메리는 상류사회에서 교양 있는 어린 숙녀들이 갖추어야 할 기술이었던 라틴어, 그리스어, 독서뿐만 아니라 바느질, 피아노 연주, 춤추기, 그림 그리기를 배우기 위하여 다른 교양 학교에 다녔으며 파티, 무도회, 극장 공연, 음악회 등 다양한 상류사회 행사를 즐겼고 친구들에게 '제드버러의 장미'로 불렸다.

짧지만 강렬한 수학과의 만남

메리가 수학을 접하고 교육받은 것은 우연한 기회로 일어난 일이었다. 13살 때 메리는 교양학교에서 처음으로 정식 산술 수업을 받았는데 금방 해당 주제의 규칙과 공식을 익혔다. 메리는 어떤 다과회에 침석했을 때 한 여성 잡지에 나온 퍼즐을 발견한 후에 대수학에 흥미를 갖게 되었다. 대수는 교양학교에서 가르치는 과목이 아니었기에 직접 배우기 어려웠지만 메리는 형제들의 가정교사 가우의 도움을 받아 대수학의 기초 내용 중 몇 가지 제한된 예를 볼 수 있었다.

알렉산더 네이스미스 아카데미에서 유화 수업을 받는 동안, 메리는 교사가 한 남학생에게 원근법 이론을 더 배우기 위하여 산술과 기하에 관한 고전 교본인 유클리드의 《기하학 원론》을 공부해야 한다고 충고하는 것을 우연히 들었다. 당시에는 여성이 그런 기하 관련 책을 구하는 것이 좋지 않게 여겨졌기 때문에 메리는 가정교사 가우에게 《기하학 원론》 사본을 사 달라고 부탁했다.

메리는 부모가 수학에 관심을 갖는 것을 싫어할 거라고 예상해 밤중에 침실에서 촛불을 켜고 몰래 수학을 공부했다. 그러나 하녀가 집안의 초가 바닥났다고 불평하는 바람에 그녀의 비밀 공부는 결국 들키게 되었다. 메리의 엄마는 딸이 수학에 관심을 갖는 것을 부끄럽다고 생각했고, 그녀의 아버지는 유럽을 지배하던 남성 중심 사회에서 수학을 연구하는 여성에 대한 차별이 그녀를 따라다닐 것이라고 염려했다. 메리의 부모님은 결국 원론의 사본을 버리고 수학 책을 읽는 것을 금지했다. 하지만 메리는《기하학 원론》의 첫 번째 여섯 개 장에서 암기했던 정의, 정리, 예제들을 계속 외웠고, 수학을 다시 공부할 기회를 엿보기만 했다.

학문을 향한 끊임없는 열정

20대 초반에 메리는 아버지 배에 승선하여 훈련을 마친 러시아 해군 지휘관이자 먼 친척이었던 사무엘 그리그와 만나게 되었다. 1804년 5월, 그리그가 런던의 러시아 대사관에 직원으로 임명되었을 때, 두 사람은 결혼했다. 하지만 여성의 교육을 중요하게 생각하지 않았던 그리그는 메리의 수학 연구를 지지하지 않았다. 두 사람 사이에서는 두 아들이 태어났고 그리그는 1807년 사망하면서 메리가 수학과 과학 공부에 전념하고, 편안한 생활을 유지할 수 있을 정도의 유산을 남겼다.

독자적인 독서와 연구를 통하여 메리는 대수, 삼각법, 기하를 연구했다. 수학의 여러 분야에 대한 지식은 천문학과 과학의 다른 분야에 관한 책들을 읽고 이해할 수 있는 배경이 되었다. 그러나 메리는 고등교육을 받을 기회도, 읽은 책에 대해 함께 논의할 만한 사람들도 없었다. 더구나 주위에서 모두 그녀의 공부를 비난하고 반대하는 바람에 그녀의 꿈은 자꾸만 중단되었다. 그런 그녀에게 스코틀랜드 그레이트 말로의 왕립육군대학교 수학 교수인 윌리엄 월리스는 좋은 동료였다. 그는 편지를 주고받으며 그녀에게 용기를 주고 조언을 하고, 책을 추천해 주었다. 메리는 그의 조언에 다라 수학적 재능을 키워나갔다. 월리스는 그녀에게 영국 수학자 아이작 뉴턴이 미적분 이론을 설명했던 《프린키피아(자연철학의 수학적 원리)》와 프랑스 수학자 라플라스가 행성의 운동을 지배하는 법칙들을 설명하며 당시 새롭게 발표했던 《천체 역학》등의 이해를 도와주었다. 월리스의 격려로 메리는 스코틀랜드 잡지 〈수학적 보고$^{Mathematical\ Repository}$〉의 도전 문제를 풀어 정기적으로 제출했고, 1811년 그녀가 보낸 답 중 하나가 은메달을 받았다.

과학적 업적의 시작

1812년 5월 메리는 그녀의 사촌이자 스코틀랜드 군인병원 원장으로 일하던 군의관 윌리엄 소머빌 박사와 재혼했다. 전 남편과 달리 소머빌 박사는 수학과 과학 그리고 교육에 대한 메리의 관심을 지지했다. 남편의 격려를 받으며 그녀는 그리스어에 대한 많은 지식을 쌓고, 식물학 연구에 관심을 갖게 되었다. 소머빌 부부는 함께 지질학과 광물학에 관한 책을 읽었다.

결혼 후 5년 동안 4명의 아이가 태어났고 그녀는 1814년에 죽은 아들을 제외한 다섯 자녀들의 교육을 전담하면서도 자신의 수학·과학적 능력을 계속 키워 나갔다.

1816년 소머빌 부부는 런던으로 이주해 20년 동안 살았다. 그들은 왕립협회에서 개최하는 대중적인 과학 강좌에 참석하며 천문학자 존과 캐롤린 허셜, 수학자 찰스 배비지, 후에 북극해의 한 작은 섬을 소머빌 여사라고 명명한 천문학자 에드워드 패리를 포함하여 많은 영국 과학자들과 우정을 쌓았다. 이런 만남들은 메리 소머빌이 영국을 이끄는 훌륭한 과학자과 일할 수 있는 기회를 주었다.

소머빌 부부는 자주 프랑스, 스위스, 이탈리아를 여행하며 유럽 전체에 걸쳐 수학·과학자들과 우정을 쌓았고, 이렇게 만들어진 친밀한 인간관계는 그녀에게 수학과 과학의 모든 분야에서 가장 최신의 발견과 진보에 접할 수 있는 기회를 주었다.

1825년 메리 소머빌은 자력과 태양 광선 사이의 관계에 관한 일련의 물리학 실험을 완성했다. 그녀는 철로 만들어진 바느질용 바늘에 태양빛을 맞추면 일정한 시간 후에 그 바늘이 자기를 띠게 된다는 것을 발견했다. 이 발견을 토대로 〈굴절 태양 광선의 자성화 힘에 관하여〉라는 제목의 연구 논문을 썼다. 영국 과학자들의 최고 전문 기관인 왕립협회에서 회원으로 선출된 소머빌 박사는 부인의 논문을 1826년 한 모임에서 발표했다. 메리 소머빌의 연구에 강한 인상을 받은 왕립협회 회원들은 그해에 그녀의 논문을 왕립협회 저널인 〈철학적 회보^{Philosophical} ^{Transactions}〉에 실었다. 메리 소머빌의 논문이 소개되고 출판된 것은 당시 여성으로는 이루기 어려운 보기 드문 성취였다. 당시 독일 출신의 천문학자로 8개의 행성을 발견하고, 2,500개의 별 목록을 만들었던 캐롤린 허셜이 왕립협회에서 연구 결과를 인정받은 유일한 사례였다. 메리 소머빌이 논문에서 제안했던 이론은 결국 다른 과학자들이 반증했지만, 대신 그녀가 숙련된 과학 저술가라는 평판을 얻게 했다.

친절한 과학책

이 논문의 성공은 메리 소머빌이 천문학 책을 쓰는 데 긍정적인 자극을 주었다. 1827년 소머빌 부부의 친구이며 '유용한 지식의 확산을 위한 협회'의 관리였던 헨리 브로엄 경은 소머빌 박사에게 메리 소머빌이 라플라스의 《천체 역학》 영어판을 만들게 해 달라는 편지를 썼다. 사회적으로 그녀는 수학과 과학에 조예가 깊은 여성으로 존경받고 있었고, 전문적인 주제를 저술하는 뛰어난 능력이 입증되어 있었다. 하지만 지식인이었던 브루엄 경도 사회적 관습에 따라 메리 페어팩스 소머빌이 아닌 그녀의 남편에게 편지를 보냈다.

라플라스의 고전 연구 《천체 역학》은 중력 이론과 태양계에서의 물체의 움직임에 관하여 몇몇 수학·과학자들이 이루었던 시대적 발견을 요약한 책이었다. 어렵고 정교한 이론을 일반인들이 읽기 쉽고, 이해하기 쉽게 만드는 것은 큰 도전의 의미를 띠고 있었다. 메리 소머빌은 번역에 자신을 가졌지만 만일의 경우 실패할 가능성을 가정해 작업 사실이 비밀로 지켜진다는 조건 아래 동의했다.

그녀는 라플라스의 기술적이고 수학적인 논증들을 간결한 설명으로 번역하면서 3년 동안 이 프로젝트를 수행했다. 또한 다양한 과학적 원리를 묘사하는 그림들을 만들었고, 복잡한 이론들을 단순한 예들로 설명했으며, 이해하기 쉽게 자료를 만드는 실험들을 구상했다. 메리 소머빌은 도서관에서 책을 빌려오거나 그녀가 쓴 많은 원고 수정본을 손으로 베끼는 작업을 하면서 도와주었다.

1831년 출판된 《창공의 메커니즘》은 '유용한 지식의 확산을 위한 협회' 회원들이 예상한 것을 넘어서는 수준이었다. 라플라스는 진보된 수학과 과학 이론에 대한 메리 소머빌의 분명하고 정확한 해석에 대해 칭찬했다. 왕립협회는 이 책에 깊은 인상을 받아서 협회 회의실 명예의 장소에 놓을 그녀의 흉상을 제작했다. 그녀가 쓴 책의 초판 인쇄본 750부는 1년도 채 안 되어 모두 팔렸고 추가로 인쇄 요청이 밀려들었다.

《창공의 메커니즘》은 빠른 속도로 케임브리지 대학의 명예 학생들의 표준 교과서가 되었고 대영제국과 유럽 전체에 소개되었다. 그리고 독자들에게 필수적인 수학적 배경을 설명한 첫 번째 부분은 따로 분리되어 1832년 《창공의 메커니즘에 대한 서문 논술》로 출간되었다.

뛰어난 과학 저술가

이 책의 성공으로 메리 소머빌은 또 다른 글쓰기 작업을 시작했다. 이 듬해 유럽에서 과학자들을 만나는 동시에 두 번째 책《물리학의 연결》의 대부분을 완성했다. 이 책에서 그녀는 빛, 소리, 열, 운동, 전기, 자기, 중력, 천문학 이론을 설명했고 다양한 물리적 현상이 어떻게 서로 밀접하게 연관되어 있는지 보여 주었다.

1834년에 출판된《물리학의 연결》은《창공의 메커니즘》보다 더 큰 성공을 거두었다. 1834년부터 1877년까지《물리학의 연결》은 영어, 프랑스어, 이탈리아어, 스위스어로 10판이 인쇄되었고, 유럽 전체뿐만 아니라 미국에서도 팔렸다.《물리학의 연결》은 일반 독자들에게 인기가 있었을 뿐만 아니라 과학자들에게도 유용했다. 해왕성을 발견한 천문학자 존 카우치 애덤스는 그가 천왕성 옆에 새로운 행성 해왕성을 찾는 데 영감을 준 것은 메리 소머빌 책의 한 구절이었다며《물리학의 연결》에 영광을 돌렸다. 그 책은 유럽의 과학자들이 각각의 물리학 관련 주제를 과학의 개별 분야가 아니라 통합된 분야로 보기 시작하는 데 영향을 주었다.

두 번째 책의 출판으로 메리 소머빌은 많은 과학 단체와 행정기관으로부터 인정을 받았다. 1835년 메리 페어팩스 소머빌과 캐롤린 허셜은 영국 왕립천문학협회 회원으로 선출된 첫 번째 여성 회원이 되었다. 1834년과 그 이듬해에 메리 소머빌은 스위스 물리학 자연역사협회와 아일랜드 왕립아카데미, 그리고 브리스틀 철학문학협회 회원이 되는 명예를 얻었다. 그녀는 자신이 책을 헌정한 애들레이드 영국 여왕과 빅토리아 공주에게 초대되었다. 또한 영국 수상 로버트 필 경은 그녀에게 해마다 200파운드의 시민 연금을 지급했다. 연금은 메리 소머빌이 재정적인 어려움을 겪을 때 300파운드로 인상되었다.

메리 소머빌은 여성의 권리와 교육을 강하게 지지하는 런던의 지식인들 사이에 명사가 되었다. 존 스튜어트 밀이 여성의 투표권을 주고자 청원서를 국회에 제출했을 때, 그녀는 가장 먼저 청원서에 서명했다. 또한 메리 소머빌은 수학과 과학에 두각을 나타내는 여성들에게 지도해 줄 만한 과학자와 수학자들을 소개해 주었다. 뿐만 아니라 유명한 시인인 바이런의 딸이자 수학에서 뛰어난 소질을 보이던 에이다 러브레이스에게 수학을 직접 지도하고 수학자 찰스 베비지에게 그녀를 소개했다. 후에 러브레이스는 찰스 베비지가 진행하던 분석엔진 연구에 참여하며 수학적으로 큰 업적을 남기게 되었다.

메리 소머빌은 많은 명성을 얻은 후에도 꾸준히 연구를 계속했다. 1835년 당시 사람들이 기대하던 핼리 혜성이 유럽의 밤하늘을 가로지르며 나타났을 때, 메리 소머빌은 이탈리아 로마 대학 근처를 방문하고 있었다. 핼리 혜성은 76년 만에 한 번 나타나는 가장 유명한 혜성이었다. 그녀는 유럽에서 가장 성능 좋은 망원경들 중 하나를 가지고 있던 로마 대학의 천문대의 이용 허가를 요청했지만 성직자 교육을 받는 그곳은 여성의 이용이 허락되지 않았기 때문에 거절당했다.

좋은 시설에서 핼리 혜성을 관찰할 기회를 얻지는 못했지만, 메리 소머빌은 대중 과학 잡지 〈쿼털리 리뷰〉의 1835년 12월 발행물에 '핼리

혜성에 관하여'라는 제목의 긴 에세이를 썼다.

1835년 메리 소머빌은 태양 광선의 몇 가지 화학적인 특징을 조사하기 위해 일련의 실험을 계획하고 지휘했다. 그녀는 다른 물질들이 염화은으로 처리된 종이에 놓였을 때와 태양빛에 노출되었을 때 각각 어떻게 화학반응을 일으키는가를 연구했다. 메리 소머빌이 이 실험을 통해 이룩한 발견들은 기초적인 화학적 특성 몇 가지를 드러내며, 결국 사진이 개발되는 데 큰 영향을 주었다.

메리 소머빌은 이에 대한 연구 논문을 써 동료 D. F. J. 아라고에게 보냈다. 아라고는 1836년 프랑스 아카데미 모임에서 그 논문의 일부를 읽었다. 메리 소머빌의 논문은 〈다른 매개물을 가로지른 태양 스펙트럼의 화학적 광선의 전달에 관한 실험〉이라는 제목으로 그해에 프랑스 과학 잡지 〈과학아카데미 설명에 관한 번역물〉에 실렸다.

이탈리아에서 계속된 연구

1836년, 소머빌 박사는 건강 문제로 따뜻한 기후의 지역에서 살아야 한다는 진단을 받았다. 소머빌 부부는 런던보다 따뜻한 이탈리아로 이주해 남은 생애를 보냈다. 소머빌 부부는 이탈리아 수학과 과학계에서 좋은 평판과 존경을 받았다. 1840년과 1845년 사이, 메리 소머빌은 6개의 이탈리아 과학 모임에서 회원으로 선출되었다.

60살에 메리 소머빌은 핼리 혜성에 관해 썼던 그녀의 글과 비슷한, 유성에 관한 과학 에세이를 썼고, 〈높은 차수의 곡선과 곡면에 관하여〉라는 제목의 수학적 논문을 포함하여 몇 개의 출판되지 않은 논문을 저술했다. 또한 출판하지 않은 《지구의 형태와 회전》과 《대양과 대기의 조류》라는 두 권의 책을 썼다.

메리 소머빌은 또다시 태양 광선의 효과를 연구하는 세 번째 실험을 시작했다. 그녀가 실험에 대한 분석을 완성하자 존 허셜은 그 결과를 왕립협회 모임에서 발표했다. 메리 소머빌이 쓴 논문의 일부분은 '채소 주스에 대한 스펙트럼선의 활동에 관하여'라는 제목으로 1845년 왕립협회의 자연 철학 회보 개요에서 출판되었다.

67세의 나이에 메리 소머빌은 지구의 물리적 표면을 연구한 영어로 된 첫 번째 주요 저서 《물리적 지리학》을 출판했다. 《물리적 지리학》은 지구의 땅 크기, 기후, 토양, 초목을 조사하여 지구의 물리적 특징을 연구한 책이다.

이 혁신적인 책으로 메리 소머빌은 국제적 인지도를 얻게 되었고, 1877년까지 7쇄본이 나왔으며 이전의 저서보다 더 많이 번역되어 50년 동안 여러 유럽 학교와 대학에서 읽혔다. 영국 왕립지리학협회는 메리 소머빌에게 1869년 빅토리아 금메달을 수여했으며 메리 소머빌의 업적을 인정한 미국 지리학 · 통계학협회, 이탈리아 지리학협회는 그녀를 회원으로 선출했다. 1853년과 1857년 사이에 5개의 다른 이탈리아 과학협회가 그녀의 회원 가입을 승인했고, 몇 개의 과학 기관들이 그녀에게 메달을 수여했다.

1869년에 메리 소머빌은 88세의 나이에 두 권으로 이루어진 책《분자와 미시적 과학에 관하여》를 마지막으로 썼다. 이 책에서 그녀는 물질의 분자 구조와 행성의 미시적 구조에 관하여 생물학, 화학, 물리학에서 발견한 것들의 개요를 보여 주었다. 후일 혁명적인 아이디어인 진화론으로 유명해진 영국 생물학자 찰스 다윈은 그 책의 삽화 몇 가지를 제시하기도 했다.

소머빌은 또한 자서전을 통해 그녀가 알고 자신에게 많은 영향을 끼친 사람들과 중요한 사람들을 기술했다. 1873년 그녀의 딸 마르타는 《메리 소머빌의 어린 시절부터 늙을 때까지의 개인적인 회상》이라는 제목으로 자서전 일부를 출판했다.

19세기 과학의 여왕

메리 소머빌은 그녀의 남편, 4명의 자녀, 가장 친한 동료들보다 오래

장수했다. 그녀는 늙어서 거의 귀가 먹고 사건과 사람들 이름을 기억하는 것을 어려워하면서도 수학·과학적 감각만은 예리하게 유지했다. 메리 소머빌은 생애의 마지막 날들을 보내는 동안에도 지난 60년 동안 매일 했던 것처럼 아침 네다섯 시간 동안 수학 책을 읽었다.

1872년 11월 29일에 메리 페어팩스 소머빌은 91세의 나이로 이탈리아 나폴리의 집에서 평화롭게 잠들었다. 그녀가 사망하자, 런던의 모닝포스트 신문은 수년 동안 유럽의 과학 사회에서 가장 뛰어난 여성 중 한 명으로 그녀의 역할을 인정하며 메리 소머빌을 '19세기 과학의 여왕'이라 칭했다.

영국의 교육협회 몇 곳에서 수학과 과학 부문을 교육받은 여성으로 메리 페어팩스 소머빌의 유산을 보존했다. 메리 소머빌이 사망하자 자녀들은 곧바로 케임브리지 대학의 거튼 칼리지로 알려진 히친의 여자 대학에 그녀의 개인 서재에 있던 책 대부분을 기증했다.

1879년 옥스퍼드 대학은 여성을 위한 첫 번째 단과 대학의 하나로 소머빌 단과대학을 설립했다. 옥스퍼드 대학의 메리 소머빌 장학금으로 재능 있는 어린 여성들이 양질의 수학 교육을 받게 되었다.

뛰어난 저서들

메리 소머빌이 과학 분야에 남긴 주요한 기여는 천문학, 물리 과학, 지리학, 그리고 미시적 구조에 관한 4권의 책들이다. 이 대중적인 연구 작품들은 서구 세계 전체에 전문가가 아닌 사람들이 앞선 과학적 이론에 접근할 수 있는 기회를 만들어 주었다. 이 책들 중 두 번째로 출판되었던 《물리학의 연결》은 유럽의 과학 사회가 물리학을 관련되지 않은 과학 분야들의 개별 모임으로 여기기보다 통합된 한 분야로 여기기 시작하는 것에도 영향을 주었다. 그녀의 태양 광선에 관한 실험과 핼리 혜성에 관한 논문은 중요한 과학적 진보를 이루지는 않았지만, 그녀가 저술한 모든 책들과 더불어 여성도 수학과 과학 분야를 이해하고 기여할 수 있다는 영향력 있는 증거들이 되었다. 독학으로 이룬 그녀의 생산적인 결과물들은 과학계의 많은 일원들이 그녀를 학계의 동료로 받아들이도록 해 주었고, 그녀의 연구를 명예롭게 만들어 주었다.

시대를 앞서다 요절한 천재

닐스 헨릭 아벨

Niels Henrik Abel
(1802~1829)

아벨은 타원 함수의 개념을 도입했고,
모든 고차방정식을 푸는 대수식을 만드는 것이
불가능하다는 것을 증명했으며,
무한급수 수렴을 결정하는 엄밀한 방법을 만들었다.

– 미국의회도서관

짧은 생애, 긴 업적

천재는 단명한다는 안타까운 속설을 그대로 따른 유명한 19세기 수학자 두 명이 있다. 그들 중 한 명인 닐스 헨릭 아벨은 가난한 형편 때문에 재능을 크게 인정받지 못하고 26살의 나이로 세상을 마감한 수학 천재였다. 그는 짧은 삶 동안 대수학과 함수 해석학에서 큰 업적을 이루었고 수학적 엄밀성을 발전시키는 데 중요한 공헌을 했다. 그는 대학에 다닐 때 3세기 동안 수학자들이 해결하지 못한 문제인 5차 디항방정식을 연구하여 결국 해를 구하는 대수적인 해법 자체가 존재하지 않는다는 것을 증명했다. 아벨은 일반적인 이항정리가 실수지수와 복소지수에서도 성립한다는 것을 증명했다. 아벨이 프랑스학술원에 제출했으나 프랑스 수학자 중 한 명이 잘못 보관하는 바람에 검토되지 않았던 논문에서 그는 타원함수의 개념을 소개했다. 아벨의 **무한급수**의 수렴에 관한 정리와 방법은 수학적 논리 서술이 엄격하고 세밀하게 되어 있어 수학 증명의 수준을 한층 높였다.

재능의 발견과 사람들의 후원

닐스 헨릭 아벨은 1802년 8월 5일 노르웨이 남서쪽 해안의 조그만 섬 마을인 핀드에서 태어났다. 그의 아버지는 신학과 철학에서 대학 학위를 받은 루터교 목사로 핀드와 주변 섬에서 봉사를 하고 있었다. 그의 어머니는 부유한 상인과 선주의 딸로 재능 있는 피아니스트이며 가수였다. 1804년 가족들은 예르스타드로 이사했는데, 아벨의 아버지는 그곳에서 목사로 일하며 정치에 참여하게 되었고, 후에 노르웨이 국회의원으로 두 번의 임기 동안 일했다.

어린 시절에 아벨은 집에서 여섯 형제자매들과 함께 아버지로부터 직접 교육받았다. 1815년 그의 부모는 아벨과 형을 노르웨이 수도 크리스티아니아(현재 오슬로)에 있는 사립 기숙학교 대성당 소속 학교에 보냈다. 1818년 아벨의 수학 교사였던 홀름보에는 아벨의 수학에 대한 재능을 발견했고 아벨에게 아이작 뉴턴, 레온하르트 오일러, 페이르-시몬 드 라플라스, 조제 루이스 라그랑주를 포함한 유럽을 주도하던 수학자들의 책과 논문들을 소개했다. 아벨은 일 년이 되지 않아 독립적으로 수학 연구 작업을 수행하기 시작했다. 수년 후에 아벨은 그의 수학적 재능이 빠르게 발달했던 이유를 거장들의 연구 결과물을 읽은 덕으로 돌렸다. 1820년 아벨의 아버지가 타계했을 때, 호르보 선생님은 아끼는 제자 아벨이 마지막 학년을 마칠 수 있도록 장학금을 지원해 주었고, 그 후에도 계속해서 그의 힘이 돼 주었다.

　1821년 대학 입학시험 수학 영역에서 높은 점수를 얻은 아벨은 당시 노르웨이의 유일한 고등 교육기관인 크리스티아니아 대학에 입학했다. 아벨은 대학에서 학위를 취득한 후, 가난 때문에 어려움을 겪는 가족들을 돕기 위해 수학 교수가 되고자 했다. 대학은 아벨의 형편을 알아채고 무료 기숙사와 수업료 등을 제공했다. 천문학과 응용수학 교수인 크리스토퍼 한스틴과 유일한 수학 교수인 소렌 라스무센은 아벨의 수학 연구를 지도했고 부가적인 재정 지원을 해 주었다. 일 년 내에 아벨은 기초적인 교과 학습을 완성했고, 독창적인 수학 연구에 모든 것을 바쳤다.

근호를 이용한 대수방정식의 해결 가능성

아벨이 1820년 이후 추구하고 있던 독립적인 수학 연구에는 5차식에 관한 300년 된 연구 문제가 포함되어 있었다. 수학자들은 가장 높은 차수가 1, 2, 3, 4차를 갖는 다항방정식을 해결하는 공식들을 개발했다. 단순한 식 $x = -\frac{b}{a}$ 는 선형방정식 $ax + b = 0$에 해를 주고 이차방정식의 근의 공식 $x = \frac{-b \pm \sqrt{b^2 - 4ac}}{2a}$ 는 모든 이차방정식 $ax^2 + bx + c = 0$의 해를 제공한다. 수학자들은 가장 높은 차수를 갖는 항이 x^3 또는 x^4인 3차 · 4차 방정식을 해결하는 공식도 만들었지만 더 높은 차수의 방정식에 관한 유사한 공식들을 발견할 수 없었다.

대성당 소속 학교에서 마지막 학년을 보내는 동안, 아벨은 자신이 모든 5차방정식의 근을 구할 수 있게 해주는 5차식의 해법을 찾았다고 생각했다. 아벨은 자신이 개발한 방법을 설명하는 논문의 서론 초고를 썼고 그것을 홀름보에와 한스틴에게 보여 주었다. 그들은 덴마크 학회에서 아벨의 연구 결과를 발표할 수 있도록 요청하고, 덴마크 코펜하겐 대학 수학 교수인 페르디난드 데간에게 아벨의 원고를 보냈다. 아벨의 연구를 정밀하게 살핀 후에, 데간은 아벨에게 설명을 더욱 상세히 하고 특별한 예를 들어 주기를 요청했다. 예를 만드는 동안, 아벨은 자신의 분석에 틀린 부분이 있다는 것을 발견했고 모든 5차방정식을 해결해 주는 공식을 만드는 것이 가능한지 다시 생각해 보기 시작했다.

1823년 12월, 크리스티아니아 대학에서 아벨은 단지 유한 번의 덧셈, 뺄셈, 곱셈, 나눗셈과 근호를 사용하여 방정식을 해결하는 근의 풀이로 모든 5차방정식을 풀 수 있는 대수적 해법을 만드는 것이 불가능하다는 것을 증명했다. 그러고는 자비로 연구 결과물을 '일반적인 5차방정식의 해의 불가능성을 입증하는 대수방정식에 관한 연구'라는 소논문으로 만들었다. 돈이 부족했기 때문에 5차방정식의 해를 구하는 공식을 만들 수 없다는 내용과 증명을 6쪽의 논문으로 압축해야 했다. 그래서 그의 논문 안의 증명 추론은 이해하기 어렵게 되었다. 아벨이 1824년 초 유럽 전역의 뛰어난 수학자들에게 소논문을 보냈을 때, 기호가 사용되고 이해하기 어렵게 쓰여진 이 젊은 무명 학생의 증명은 어떤 응답도 받지 못했다. 아벨이 특별히 논평을 듣고 싶어 했던 독일의 수학자 가우스는 그의 소논문을 읽지도 않고 던져버렸다.

유럽의 수학 모임들로부터 어떤 관심도 이끌어내지 못하고 논문이 실패했지만 아벨은 계속 방정식의 해에 관한 연구를 높은 차수의 방정식에 대한 연구로 확장하였고, 그 연구가 논문으로 발표되도록 애썼다. 아벨은 지금껏 발견한 연구 내용을 자세히 설명하는 논문 '4차보다 높은 고차 **대수방정식**의 일반해의 불가능성 증명'을 독일의 계간지 〈순수 응용 수학 저널〉의 1826년 첫 발행물에 발표했다. 이 논문에서 그는 단지 네 가지 사칙 연산과 근의 풀이만으로 4차보다 큰 차수의 방정식을 해결하는 대수적 식을 구성하는 것이 불가능하다는 더 일반적인 결과를 증명했다. 증명에서 아벨은 성장하고 있던 추상대수학 분야에서 주요한 개념인 대수적 해의 확대 개념을 개발했다.

아벨이 죽을 때까지 출판되지 않았던 〈방정식의 대수적 해에 관하여〉라는 1828년 원고에서, 아벨은 1799년에 이탈리아 수학자 파올로 루피니가 만들었던 5차 공식이 없다고 한 모호한 증명의 존재를 인정했다. 이 두 수학자의 업적을 인정하여, $n > 4$일 때 일반적인 n차 방정식을 **근**의 공식으로 해결할 수 없다는 중요한 정리는 현재 아벨-루피니 정리로 알려져 있다.

아벨은 1826년 논문처럼 같은 잡지에 발표했던 1829년 논문 '대수적으로 해결할 수 있는 특별한 방정식 집합에 관한 연구 논문'

에서 그 주제에 관한 마지막 논평을 기록했다. 이 연구에서 그는 다항방정식의 근이 특별한 조건을 만족한다면 방정식이 근을 이용한 방법으로 해결될 수 있다는 것을 설명했다. 아벨의 생각에 기초를 두고, 프랑스 수학자 에바리스트 갈루아는 1831년에 방정식이 근으로 해결될 수 있는지 아닌지를 결정하는 조건에 대한 완전한 집합을 일일이 열거하면서 그 주제에 관한 분석을 마쳤다.

일반 이항정리

아벨은 크리스티아나 대학에서 수년 동안 몇 가지 다른 연구 프로젝트를 수행했다. 1823년에 그는 한스틴이 창간한 노르웨이 과학 잡지 〈자연 과학에 관한 저널〉에 세 개의 논문을 발표했다. 아벨의 함수방정식과 적분에 관한 처음 두 개의 논문은 중요한 결과를 포함하고 있지 않았지만, 세 번째 논문 '정적분에 의한 몇 가지 문제의 해결'은 적분방정식의 해가 처음으로 포함되었다. 그 논문은 중력의 영향 아래 한 곡선을 따라 움직이는 한 점 질량의 운동을 다루었다.

1823년 여름에 라스무센은 아벨이 데겐을 포함한 다른 독일 수학자들과 일할 수 있게 코펜하겐 방문 경비를 융자했다. 이때 아벨은 크리스틴 켐프라는 젊은 여성을 만났고 그녀와 약혼했다. 아벨은 재능 있는 동료들과의 성공적인 공동 연구를 통하여 노르웨이 정부에 연구 결과를 제출했다. 그리고 프랑스와 독일에서 앞서가는 수학자들과 함께 연구하도록 유럽을 여행할 수 있게 기금을 제공해 달라고 요청했다. 정부는 2년 동안 아벨이 노르웨이에서 프랑스어와 독일어를 공부할 수 있도록 장학금을 주었고 다음 2년 동안 유럽을 방문할 수 있게 여행 자금을 주었다.

1825년 9월, 아벨과 함께 의학, 지질학을 전공하는 네 명의 친구들은 독일로 출발했다. 그는 베를린에서 아우구스트 레오폴드 크렐레를 만났다. 그는 독일의 첫 번째 철도 체계를 고안했던 토목기사로, 수학에 관련된 잡지를 창간하려고 준비하고 있었다. 이 독일 수학자 크렐레가 만든 〈순수 응용 수학〉은 그의 이름을 따서 〈크렐레〉로 알려지게 되었고, 이 잡지는 새로운 수학 연구를 독점적으로 출판하는 최초의 학술 정기 간행물로 연 4회 발행되었다. 1826년 크렐레는 첫 번째 잡지에 아벨의 7개 논문을 포함하였고, 나중에 실린 것까지 합쳐 아벨의 연구 논문을 33개나 출판하면서 그의 논문을 장려했다. 5차방정식의 해의 불가능성에 관한 아벨의 연구 논문과 더불어, 〈크렐레〉의 첫 번째 4

개 발행물에 '급수 $1+\dfrac{m}{1}x+\dfrac{m\,(m-1)}{1\cdot 2}x^2+\dfrac{m\,(m-1)\,(m-2)}{1\cdot 2\cdot 3}x^3+\cdots$
의 조사'라는 아벨의 논문이 포함되었다. 그는 이 논문에서 이 항의 무
한합이 $(1+x)^m$과 같다는 것을 보이면서 m의 실수값과 복소수값에
관한 이항정리의 첫 번째 증명을 했다. 이 결
과는 **이항정리**가 모든 분수 지수에서 유효하다
는 뉴턴의 1669년 발견을 일반화한 것이다.

이항정리 두 항의 대수적
인 합. 예를 들어 $(a+b)$의
n번 거듭제곱 $(a+b)^n$을
풀어낸 공식을 의미한다.

타원함수 연구

1862년 봄에 아벨과 그의 동료들은 이탈리아, 오스트리아, 스위스,
프랑스로 떠났다. 그들은 7월에 파리에 도착했는데, 그때는 대학교 여
름 방학 기간이었다. 그들이 만나고 싶어했던 많은 수학자들은 휴가 중
이었다. 아벨은 그들이 돌아오기를 기다리며 '초월함수의 광대한 집합
의 일반적인 특징에 관한 연구 논문'이란 긴 원고를 썼다. 아벨은 그 논
문을 과학아카데미 수학자들이 읽어 주기를 바랐다. 이 논문에서 그는
타원함수를 포함하여 그가 발견한 것들에 대해 상세하게 설명했다.

아벨은 원함수 또는 삼각함수의 일반화로 타원함수를 만들었다. 프랑
스 수학자 아드리앙 마리 르장드르는 타원을 따라 호의 길이를 다음과
같은 식으로 표현하는 복잡한 타원적분을 연구하고 있었다.

$$\int_0^x \frac{dt}{\sqrt{(1-K^2t^2)(1-t^2)}}$$

아벨은 가장 단순한 타원의 형태인 원에 관한 호의 길이가 적분

$\arcsin(x) = \int_0^x \dfrac{dt}{\sqrt{1-t^2}}$ 로 표현되는 것을 분석하면서, 역함수 $\sin(x)$ 가 우아한 특징을 가졌고, 대응되는 적분보다 더 분석하기 쉽다는 것을 관찰했다. 같은 방법으로 그는 타원사인함수 $\sin(x)$를 타원적분의 역으로 소개했다. 아벨은 이 원에 대한 함수 특징과 다른 타원함수의 특징들에 대하여 광범위한 분석을 성공적으로 마쳤다.

아벨이 이 논문에서 입증했던 한 특징은 타원함수의 이중 주기성이었다. 모든 원함수는 정 기저에 관한 그들의 행동을 반복하면서 주기적이라는 것이 알려졌다. 방정식 $\sin(x+2\pi) = \sin(x)$는 사인함수의 그래프가 매 길이 $2x$의 구간 후에 그 값이 반복한다는 사실을 표현한다. 아벨은 모든 타원함수 $f(x)$가 $f(x+w) = f(x+z) = f(x)$에 관한 두 **주기** w와 z를 가졌다는 것을 발견했다. 아벨의 이중주기 함수의 발견은 다른 수학자들이 현재 초타원함수와 아벨함수로 알려진 더 일반

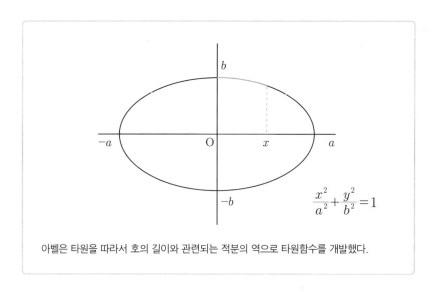

아벨은 타원을 따라서 호의 길이와 관련되는 적분의 역으로 타원함수를 개발했다.

적인 함수 집합들을 조사하게 만든 계기가 되었다.

아벨이 파리에서 쓴 논문에서 아벨은 대수함수의 어떤 적분 합이 특별한 식의 고정된 적분 수로 표현되어질 수 있다는 것을 증명하면서 대수함수의 종수 개념도 소개했다.

주기 진동하는 물체가 한 방향으로 움직였다가 반대 방향으로 움직여 본래 자리로 되돌아오는 데 걸리는 시간을 주로 말하며, 수학에서는 주기함수들의 그래프가 주기에 따라 일정한 모양으로 반복한다.

함수의 종수로 알려진 그 고정된 수는 함수를 특성화하고 함수의 많은 특징을 알려 주는 기초적인 양이다. 독일 수학자 칼 구스타프 야코비는 현재 아벨의 정리로 알려진 이 중요한 이론이 그 시대의 가장 위대한 수학적 발견이라고 말한 바 있다.

그러나 아벨이 1826년 10월에 파리 아카데미에 타원함수에 관한 논문을 제출했을 때, 심사위원 르장드르와 오귀스탱-루이 코시는 그 연구를 제대로 평가하지 않았다. 르장드르는 잉크가 너무 희미하기 때문에 원고를 읽을 수 없었다고 주장했고, 코시는 논문을 잘못 두는 바람에 논문을 읽지도 못했다.

프랑스 수학자들이 자신의 연구를 경시하자 아벨은 몹시 실망하였고, 돈도 거의 떨어진 상태에서 결핵 초기 증상으로 아팠기 때문에 몇 달 동안 베를린으로 돌아와 머물렀다. 크렐레는 아벨에게 자신의 저널 편집자 자리를 제공하고 독일의 대학에서 교수직을 보장해 주겠다고 했지만, 아벨은 1827년 5월에 노르웨이 집으로 돌아왔다. 아벨은 라스무센의 후임으로 크리스티아니아 대학에서 수학 교수로 일하기를 바랐지만, 홀름보에가 그 자리를 맡게 되었다. 아벨은 대학에서 제공되는 많

지 않은 액수의 장학금과 가정교사를 해서 번 돈으로 그해 말까지 생활했다. 1828년 초 한스틴이 시베리아에서 2년 동안 지구 자기장 연구를 하게 되었을 때 아벨은 대학과 노르웨이 육군아카데미의 대리 교수로 일했다.

이 시기 동안 아벨은 계속해서 타원함수를 연구했고 몇 개의 글들을 〈크렐레〉에 썼다. 아벨은 1827년 9월에 파리에서 썼던 소논문 중 절반을 《타원함수에 관한 연구》라는 제목으로 출판했다. 야코비가 1828년 타원함수의 변형에 대한 새로운 결과들을 알렸을 때, 아벨은 같은 제목으로 그의 논문의 나머지 부분을 출판했고, 야코비의 결과가 자신의 연구를 어떻게 따르고 있는가 설명하는 절을 첨부했다. 이듬해 1년 동안, 그와 야코비는 서로의 결과에 응답하고 확장하는 일련의 논문들을 만들었다. 그해가 가기 전, 아벨은 그가 죽은 후에 출판된 타원함수에 관한 책 한 권 분량의 논문 〈타원함수이론의 요약〉준비했다.

수학적 분석에 대한 엄밀성 수립

아벨이 연구를 하면서 품었던 결정적인 관심 중 하나는 수학적 분석을 더 엄밀하게 만드는 것이었다. 그가 쓴 모든 문헌에서 아벨은 정확한 표현과 철저한 증명에 주의를 기울였다. 그는 대성당 소속 학교에 다닐 때, 유럽을 주도하는 수학자들의 연구들을 읽으면서 대수학자들의 논쟁에 논리적인 구조가 부족함을 알아챘다. 적분이 발견된 이래로 150년이 지났는데도 미적분 개념에 있어 아직 극한에 대한 정확한 정의가 정리되지 않았고 확고한 기초가 세워지지 않았다. 그는 19세기 초 수학적 분석에는 고전 기하에서 특성화되었던 세심한 논리와 정밀도가 부족하다는 것을 깨달았다.

아벨은 무한급수를 포함한 논쟁에서 가장 엄밀함이 부족하다는 것을 알았다. 1826년 홀름보에에게 보낸 편지를 보면, 그는 가장 단순한 경우를 제외하고 엄하게 결정되어지는 합을 가진 무한급수 수열이 없다고 안타까워하고 있다. 같은 편지에서 그는 수학자들이 모든 정수 n에 대하여 $1^n - 2^n + 3^n - 4^n + \cdots = 1$이라고 주장하는 것을 듣고 실망했다고 썼다. 그해가 지나 나온 이항정리 논문에서, 그는 연속함수의 무한합이 연속함수를 만든다는 코시의 주장을 비평했다. 반례로 그는 연속함수의 멱급수 $\sin(x) - \frac{1}{2}\sin(2x) + \frac{1}{3}\sin(3x) - \frac{1}{4}\sin(4x) + \cdots$가 p의 홀수 배수에서 불연속이라는 것을 보였다.

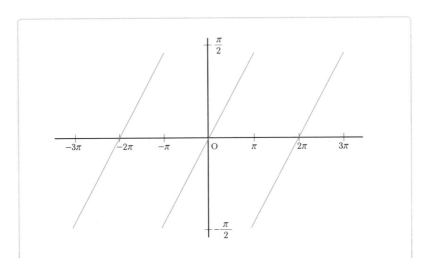

아벨은 연속함수의 무한합이 항상 연속적인 결과를 만들지는 않는다는 것을 증명하기 위하여 급수 $\sin(x) - \frac{1}{2}\sin(2x) + \frac{1}{3}\sin(3x) - \frac{1}{4}\sin(4x) + \cdots$ 를 예로 이용했다.

무한급수를 다룰 때 수학자들이 이용하는 분석에 엄밀성이 부족하다는 것을 알리기 위하여, 아벨은 1827년과 1828년 〈크렐레〉에 〈문제와 정리〉란 제목의 멱급수에 관련된 두 편의 긴 논문을 썼다. 이 논문에서 그는 급수의 **극한**을 결정하는 새로운 방법을 보였고, 발산 급수를 논의했으며, 무한급수가 그것의 내응하는 함수에 동치관계인 수렴 반경 개념을 소개했다. 이 논문에는 그가 소개한 방법 중 현재 아벨의 수렴 정리로 알려진 확실한 원리가 있었다. 일정한 급수 $a_1 b_1 + a_2 b_2 + a_3 b_3 + a_4 b_4 + \cdots$에 관한 이런 규칙은 급수 $1 - \frac{1}{2} + \frac{1}{3} - \frac{1}{4} + \cdots$ 과 $1 - \frac{1}{\sqrt{2}} + \frac{1}{\sqrt{3}} - \frac{1}{\sqrt{4}} + \cdots$ 같은 급수가 무한합계에수렴한다는 것을 보증하는 것으로 알려진 교대급수 판정법을 일반화한 것이다. 그는 또한 수렴하지 않는 급수를 이해하기 위하여 합산 능력 방법을 제공했다. 아벨은 코시, 가우스, 독일 수학자 칼 바이어슈트라스를 따라 19세기 수학 역사의 특징인 수학적 정의를 더 정확하게 만들고 수학적 분석을 더 엄밀하게 만드는 노력을 이끌었다.

사후에야 인정받은 아벨

아벨은 크리스마스에 프로랜드에 있는 약혼녀를 방문하던 중 결핵에걸리고 말았다. 결국 그는 1829년 4월 6일 결핵의 합병증으로 생을 마쳤다. 아벨이 죽고 난 이틀 후에, 크렐레는 새롭게 설립된 '베를린 과학과 순수문학 왕립아카데미'에서의 지위를 보장한다는 편지를 그에게 보내왔다.

1830년 6월에 파리 아카데미는 타원함수에 관한 아벨과 야코비의 우수한 연구에 대상을 수여했다. 야코비의 재촉으로 코시는 아벨이 4년 전 아카데미에 제출했던 타원함수 논문을 발견했다. 아카데미는 그 논문을 1841년에 〈프랑스 국립기관의 과학아카데미에 다양한 학자들의 보고서〉란 저널에 발표했다. 르장드르는 판독하기 어렵다는 이유로 일찍이 검토하지 않았던 아벨의 연구의 중요성을 깨달았다. 그리고 그 논문을 청동보다 오래 지속될 금자탑으로 묘사했다. 프랑스 수학자 샤를 에르미트는 그 논문을 읽었을 때, 아벨의 착상이 500년 동안 수학자들의 주의를 끌 것이라고 예상했다.

2002년 노르웨이 정부는 수학에 공헌한 자국의 가장 위대한 수학자 아벨의 생애를 존경하고 기리는 의미에서 아벨 상賞을 제정했다. 문학, 의학, 과학 등 각 분야마다 노벨상이 주어지듯 이 상을 받는 수학자에게는 국제적인 명성과 750,000달러가 주어진다.

아벨에 대한 존경의 표시로 그의 이름은 여러 수학 분야의 많은 개념들과 결합되어 있다. 아벨다양체, 아벨적분, 아벨함수, 아벨정리는 타원함수이론에서 중심적인 개념이다. 무한급수 분석은 아벨의 수렴 정리에 의존한다. 그의 이름에서 따온 용어 중 가장 많이 사용되는 것은 곱셈의 교환법칙 $a \cdot b = b \cdot a$를 만족하는 수학적 구조인 아벨군이다.

길이 남을 업적

그의 이름에서 유래한 상에서 짐작할 수 있듯이 아벨은 자신의 짧은 인생 동안 수학 분야에 중요한 공헌을 했다. 4차보다 큰 차수의 방정식을 푸는 대수적 공식의 불가능성에 대한 증명으로 오랫동안 답을 찾지 못한 질문을 해결했을 뿐만 아니라 추상대수학의 발전에 공헌한 대수체 확장 개념을 소개했다. 무한급수의 수렴을 분석하는 데 소개했던 방식과 함께 실수 거듭제곱과 복소수 거듭제곱에 관한 일반적인 이항정리 증명은 수학적 분석의 엄밀한 기초를 수립하는 것을 도왔다. 그가 소개했던 타원함수 개념과 이중주기함수의 집합은 계속해서 대수학, 정수론, 함수해석학 분야에서 새로운 발견들을 낳고 있다.

정열적인 혁명가이자 수학자

에바리스트 갈루아

Évariste Galois
(1811~1832)

에바리스트 갈루아는 군 개념을 형식화했고,
한 방정식이 근호를 이용하여 해결될 수 있는지 없는지
결정하는 완전한 조건 집합을 열거했다.
그리고 지금 갈루아이론으로 알려진 대수체 확장이론을 발달시켰다.
– 그레인저

20살에 죽기 위해선 모든 용기가 필요하다.
– 갈루아

군론의 창시자

수학자보다는 정열적인 혁명가로 알려진 에바리스트 갈루아는 그의 연구를 보여주는 5개의 짧은 논문만을 출간한 채 20살에 결투를 하다 사망했다. 시대적 혼란기를 겪으며 자신의 정치적 신념과 곧은 의지를 표현하다 불꽃처럼 타버린 그의 짧은 인생은 소설로 다루어질 만큼 역동적이었다. 그는 적은 수의 연구 결과물을 남겼기에 다른 수학자들에 비해 업적이 작아 보이지만 그의 연구는 추상대수학이라는 수학 분야의 발달에 중요한 영향을 주었다. 갈루아는 군[#]의 개념을 형식화하면서 군론의 기초를 제시했고, 갈루아 이론이라 불리는 근호를 이용한 대수방정식의 가해성 이론을 연구하여 대수의 진보된 영역으로 성장시켰다. 갈루아는 살아 있는 동안 수학자보다 정치적인 혁명론자로 더 잘 알려졌기 때문에, 그의 천재성은 사후

군 추상대수학의 개념 중 하나. 어떤 집합의 임의의 원소 사이에 덧셈과 같은 연산이 행해질 때, 그 결과 역시 그 집합의 원소가 되면 그 집합을 군이라고 한다.

몇 년이 지나 100쪽 미만의 논문들이 주의 깊게 연구되고 나서야 인정받게 되었다.

5차식 연구

에바리스트 갈루아는 1811년 10월 25일, 프랑스 파리 남쪽의 작은 마을 부르 라 레느에서 태어났다. 그의 아버지는 작은 기숙학교에서 학생들을 지도하는 교사였으며 14년 동안 읍장으로 일했고, 어머니는 에바리트스와 그의 누나, 남동생을 십대 초반까지 집에서 가르칠 만큼 잘 교육받은 여성이었다.

1823년 10월에 갈루아는 루이 14세의 이름을 딴 파리의 유명한 고등학교 루이 르 그랑 왕립중학교에 등록했다. 학교의 규율이 엄했기 때문에, 학생들은 학교 측과 대립하며 자주 시위를 벌였다. 갈루아가 1학년 때, 학생들이 왕을 위한 축배의 잔을 들지 않고 프랑스 혁명가 '라 마르세예즈'를 노래하자 교장은 40명의 학생들을 학교에서 내쫓았다. 학교에 입학한 초기에 갈루아는 몇 개 과목에서 훌륭한 성적으로 우수상을 받았지만 점차 교사를 비롯해 라틴어, 그리스어, 고전문학 교과에 대해 불만을 품게 되면서 학과 성적이 너무 낮아져, 1827년경에는 그가 들었던 교과의 대부분을 반복해서 수강해야만 했다.

이 해에 갈루아는 H. J. 버니어의 기하 수업을 들으면서 수학에 강한 흥미를 갖게 되었다. 프랑스 수학자 아드리안 마리 르장드르가 쓴 수업교재 《기하학》은 2년 교육과정으로 구성되어 있었지만, 갈루아는 며칠 만에 그 책을 다 읽었다. 그는 그 책에 담겨진 기하 원리의 논리적 전개에 매료되었고 이때부터 수학에 대해 열렬한 관심을 갖게 되었다. 학교 도서관에서 갈루아는 다른 뛰어난 프랑스 수학자 오귀스탱-루이 코시와 조세-루이 라그랑주가 쓴 대수와 해석에 관한 다른 책들을 읽었다. 그는 혼자 독립적으로 연구하면서, 대학생, 교수, 수학자 등 전문가 대상의 책을 읽고 수학 자료들을 충분히 익혀갔다.

대수학을 연구하면서, 갈루아는 다른 유형의 방정식을 풀 때 수학자들이 이용했던 공식들에 호기심을 갖게 되었다. 모든 1차 선형방정식 $ax+b=0$은 단순한 식 $x=-\frac{b}{a}$ 를 사용하여 해결될 수 있고, 모든 2차 방정식 $ax^2+bx+c=0$은 근의 공식 $x=\frac{-b\pm\sqrt{b^2-4ac}}{2a}$ 를 이용하여 해를 구할 수 있다. 더 나아가 수학자들은 가장 높은 차수 항이 x^3 또는 x^4인 3차·4차방정식을 해결하는 근의 공식 또한 만들었지만, 그보다 높은 차수의 방정식에 관한 비슷한 공식들을 발견할 수 없었다. 갈루아는 유한 번의 많은 단계를 이용하여 모든 5차 대수방정식을 해결하는 제곱근과 고차 제곱근을 포함하는 공식을 찾는 작업에 흥미를 느꼈다. 갈루아는 5차방정식을 해결하는 무려 3세기 동안 수학자들이 '5차 공식'을 만들려고 시도했으나 이루지 못한 사실을 모르고 있었다. 몇 개월 동안 연구한 끝에 16세 학생이었던 갈루아는 5차방정식을 해결하는 공식을 만들었다고 생각했다. 갈루아는 계속 연구를 하면서 그가 만든 공식이 제한된 경우에는 만족되지만 모든 5차방정식을 해결하지 못한다는 결론을 내렸다. 결국 갈루아는 많은 수정을 거듭한 후에 5차 공식이 없다는 확신을 하게 되었고 이 주장을 증명하기 위하여 노력했다.

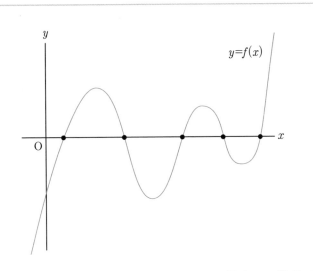

갈루아는 그의 첫 번째 수학 연구에서 5차방정식의 근을 모두 대수적으로 표현하는 5차식을 찾으려고 노력했다.

실망과 좌절의 시간

고등학교 5학년 말에 갈루아는 에콜폴리테크니크 입학시험을 봤다. 에콜폴리테크니크는 1794년에 프랑스 혁명 정부 인사였던 수학자 가스파르 몽제와 라자르 카르노가 프랑스의 가장 재능 있는 젊은이들에게 수학, 과학, 기술 훈련을 제공하려고 세운 파리 고등 이공계 학교이다. 이곳의 입학시험은 갈루아가 아직 배우지 않은 표준 고등학교 수학 교육과정에 초점이 맞추어져 있었다. 갈루아는 높은 수준의 수학 연구를 하고 있었지만 오히려 기초 수학 지식이 부족했기 때문에 시험에 실패했고, 루이 르 그랑에서 6학년을 보내게 되었다.

갈루아가 고등학교 시절 처음 만났던 수학 교사 버니어는 그의 재능이 뛰어나다는 것을 인정하지 않았고, 갈루아가 머리로 많은 계산을 할 수 있는데도 문제를 해결할 때 모든 단계를 체계적으로 쓰지 않는다고 했다. 그러나 그의 고등학교 시절 마지막으로 만난 수학 교사 리샤드는 갈루아의 능력을 인정하며 그의 해답을 찾는 독창적인 방법을 칭찬했고, 그의 독립적인 연구를 지지했다. 리샤드의 격려로 갈루아는 '연속주기 함수 정리에 관한 증명'이란 논문을 썼고, 이것은 1829년 4월에 〈순수 응용 수학 연보〉라는 잡지를 통해 출판되었다. 이 짧은 논문에서 갈루아는 라그랑주가 연속함수에 대해 얻었던 결과를 확장하며 그 개념에 대해 더 자세하게 설명했다. 갈루아가 17살 학생일 때 쓴 이 독창적인 단편 연구는 갈루아가 이미 고등학교 과정을 넘어선 수준이라는 것을 보여 주었다. 리샤드는 갈루아의 논문과 그의 뛰어난 재능에 감명받아 이 총명한 젊은이를 입학시험을 보지 않고 에콜폴리테크니크에 입학시키자고 제안했다.

갈루아는 5차방정식에 관한 연구를 4차보다 큰 방정식을 푸는 데 있어서 공식이 존재하는지를 알려는 시도로 확장했다. 1829년 5월과 6월에 그는 소수 차수를 갖는 대수방정식의 가해성에 관한 두 개의 논문을 프랑스 과학아카데미에 보냈다. 아카데미 간사였던 코시는 그 논문을 읽고 감명을 받았지만 다음 해까지 갈루아에게 의견을 말하지 않았고, 아카데미의 답변을 기다렸던 갈루아는 마음이 좋지 않았다.

이때 두 가지 사건이 일어나 그는 더욱 좌절과 절망의 늪에 빠졌다. 하나는 7월에 정치적 반대파들이 유포한 소문으로 굴욕을 당한 그의 아버지가 자살하는 사건이 있었다. 아버지의 장례식에서 갈루아는 문제의 소문을 퍼뜨린 마을 목사를 고발했고, 조문객들은 그 목사를 공동묘지 밖으로 쫓아버렸다. 또 다른 하나는 8월에 갈루아가 두 번째로 에콜폴리테크니크 입학시험을 치른 일로 사건이 일어났다. 시험 날, 교수가 갈루아에게 답한 해의 각 단계를 체계적으로 정리하라고 주장했고, 화가 난 갈루아는 교수에게 지우개를 던져버렸다. 갈루아는 결국 시험에서 떨어졌다.

루이 르 그랑을 6년 만에 졸업한 갈루아는 1829년 12월에 고등학교 교사를 양성하는 파리 고등사범학교 파리 에콜 노말레에 입학했다. 갈루아는 지도 교수나 동료 학생들에게 평판이 좋지 않았다. 수학 강의시간에 한 교수는 최근에 증명되었으나 아직 발표되지 않은 대수학의 새로운 정리를 가르치고 있었다. 교수는 갈루아를 당황시키기 위해 그에게 칠판 앞에 나와 그 정리를 증명하라고 말했다. 갈루아가 증명을 하는 데 성공하자, 교수는 그가 과도한 자만심을 가졌다며 그를 비판했다. 갈루아가 이러한 시련을 겪는 동안 그의 유일한 친구 오귀스트 슈발리에만이 그가 슬픔에서 회복하고 연구를 계속하도록 격려했다.

1830년 1월에 코시는 아카데미 모임에서 갈루아의 두 연구 논문에 관한 구두 보고를 하기로 예정되어 있었다. 그런데 병 때문에 코시는 그 발표를 하지 못했고 갈루아의 연구는 공식적으로 보고되지 못했다. 그때 다행히 노르웨이 수학자 아벨이 최근에 획득된 갈루아의 연구 관련 결과로 주의를 환기시키며, 개인적으로 갈루아에게 긍정적인 평가를 전했다. 아벨은 갈루아에게 방정식의 가해성에 관한 주제로 아카데미 수학 경선에 수정된 원고를 다시 제출하도록 용기를 북돋아 주었다. 갈루아는 5차 공식이 없다는 것을 증명했던 자신의 1824년 소논문과 아벨의 연구 논문을 읽었다. 그는 아벨의 연구와 자신의 아이디어를 결합해서, 근호를 이용한 고차방정식의 가해성에 관한 더 완전한 이론을 개발했다. 1830년 2월에 그는 새로운 논문을 아카데미에 보냈다. 아카데미 간사였던 장 밥티스트 조제프 프리에는 그 논문을 받았지만 그것을 재검토하지 못하고 석 달 후에 죽었다. 갈루아의 연구는 아카데미가 아벨과 독일 수학자 칼 구스타프 야코비에게 공동으로 수여했던 대상 후보로 전혀 고려되지 않았다.

잡지에 발표된 4개의 연구

갈루아는 2개의 프랑스 수학잡지에 중요한 논문 네 개를 발표했다. 1830년 4월에 〈수학적 과학의 회보〉는 갈루아가 아카데미의 프리에에게 보냈던 논문의 짧은 요약본을 발표했다. '방정식의 대수적 해답에 관한 연구 논문 분석'이란 제목의 이 짧은 기사에서, 갈루아는 차수가 소수인 약분할 수 없는 기약방정식의 가해성에 관한 세 가지 조건을 주었다. 갈루아는 간결하게 그 결과를 서술했고, 그 결과들은 가우스의 원분방정식 $ax^p + b = 0$에 관한 연구와 코시의 치환 이론으로부터 이끌어냈다고 언급했다. 갈루아는 그가 사용한 기술을 자세히 설명하지 않고 증명 또한 보여 주지 않았다. 그래서 수학자들 대부분이 그의 연구를 이해하지 못했고, 그들 어느 누구도 그의 연구 결과에 대한 중요성을 깨닫지 못했다.

1830년 6월 〈수학적 과학의 회보〉는 갈루아의 두 번째 논문 '수치방정식의 해답에 관한 보고서'를 발표했다. 이 논문은 방정식을 해결하는 데에 근호를 사용했을 때의 부가적인 결과를 보였고, 아벨이 발표했던 결과를 넘어 중요한 진보를 이루었다는 것을 증명했지만 그 주제에 대한 완벽한 이론 전달에는 부족했다.

갈루아의 세 번째 논문 '수_數 이론에 관하여'도 1830년 6월 〈수학적 과학의 회보〉에 발표되었다. 이 중요한 논문에서 그는 '갈루아 허수'라 불리게 된 새로운 수 집힙을 소개했다. 갈루아는 소수 차수 유한체로 알려진 수학적 구조가 어떻게 구성되는지를 증명했고, 해결된 방정식의 근과 수학적 구조가 어떻게 연관되는지 설명했다. 1830년 12월 잡지 〈순수 응용 수학 연보〉는 갈루아의 논문 '해석의 몇 가지 점에 관한 주석'을 출판했다. 해석에 관한 몇 가지 결과를 보여 주는 이 짧은 글은 갈루아가 펴낸 마지막 수학 저서였다.

혁명가 갈루아

수학 연구가 성공적으로 진행되고 연구 결과들이 출판되었지만, 갈루아는 개인적으로는 고통스럽고 불안정하며 분노에 찬 시기를 보냈다. 갈루아는 왕을 타도하고 새로운 정부를 세우고자 했던 정치적 혁명가들의 집단인 공화당에 가입했다. 1830년 7월 공화당원들이 혁명을 시작했을 때, 갈루아는 학우들이 혁명에 참가하도록 설득하기 위해 연설문을 만들었다. 이때, 왕의 강력한 지지자였던 총장은 학생들이 반란에 참여할 수 없도록 학교의 문과 통로를 닫는 등 혁명 활동을 방해했다. 혁명이 성공한 후, 총장은 입장을 바꾸어 새 정부의 지지자라고 주장했다. 그러자 갈루아는 혁명이 일어났을 때 총장이 했던 행동과 혁명이 일어난 후 총장의 모습을 설명하는 편지를 신문에 썼다. 갈루아의 이 '과학 교사에 관한 편지'가 학교 신문에 실렸을 때, 총장은 갈루아를 학교에서 추방했다.

갈루아는 주로 공화당 혁명당원들로 구성된 의용군의 한 분파인 국민위병 포병대에 가입했다. 1830년 12월, 그와 동료 병사들은 르부르에 있는 왕궁을 점거했고, 전제 정치를 펼치던 샤를 10세에 대항하는 혁명을 준비했다. 그러나 짧은 폭동은 폭력 없이 가라앉았고, 위병들은 해산했으며, 군복을 입는 것은 금지되었다.

1831년 1월, 갈루아는 그가 발견한 이론을 설명하는 일련의 공개 강의를 시도했다. 그는 갈루아 허수이론, 대수적 수이론, 타원함수,

근호에 의한 방정식의 가해성을 강의했다. 첫 번째 강의에는 40명의 학생들이 참석했고, 두 번째 주에는 학생들이 거의 오지 않았고, 세 번째 주에는 극히 소수의 학생들만 참여하였고, 네 번째 주에는 학생이 없어 강의는 취소되었다.

처음에 그는 대수방정식의 해결에 관한 연구 결과를 구성했고 그것을 과학아카데미에 보냈다. 〈대수방정식의 가해성에 관한 논문〉은 갈루아가 쓴 가장 중요한 연구 논문이었다. 이 걸작에서 그는 초기 연구의 어려움들을 극복했다. 그는 이 논문에서 자신의 생각과 아벨, 코시, 가우스, 라그랑주, 야코비가 소개했던 개념들을 결합시켰다. 근호에 의해 대수방정식을 풀 수 있는 가능성을 어떤 조건으로 판단할 수 있는지에 대해 결정적인 해법을 제시한 것이다. 이 논문과 〈수학적 과학의 회보〉에서 출판한 세 개의 논문에서 갈루아는 한 군으로 알려진 대수적 구조 개념을 형식화했고 군 이론과 추상대수학의 기초를 쌓았다. 이 네 개의 연구는 추상대수학의 진보된 분야인 현재의 갈루아 이론을 만들었고, 갈루아 이론에서 정규부분군과 가해군의 사슬을 포함하는 기술은 근호에 의해 방정식이 해결될 수 있는지 결정하는 데 이용되고 있다.

감옥에 갇힌 갈루아

갈루아의 열정에 찬 정치적 활동은 그의 수학 연구만큼이나 계속되었다. 1831년 5월 혁명 공모로 체포되었던 19명의 공화당 혁명 당원은 재판을 통해 무죄가 밝혀졌다. 이때 열린 축하연에서, 갈루아는 한 손에 와인 잔, 한 손에 칼을 들고 당시 국왕 루이-필립을 제거하자는 암시가 담긴 말을 하며 건배를 제의했다. 그는 국왕의 암살을 기도한 죄로 체포되었지만 벌금을 내고 석방되었다. 그러나 1831년 7월에 금지된 국민위병 제복을 입어서 또다시 체포되었고 다음 달에 생펠라지 감옥으로 보내졌다.

갈루아는 수감되어 있는 동안 자살을 시도하는 등 계속 순탄치 않은 삶을 살았다. 1831년 10월 그는 프랑스 아카데미가 그의 마지막 논문을 거절하는 편지를 받았다. 원고를 재검토한 시메옹 드니 푸아송은 저자의 설명이 분명치 않고, 증명이 이해하기 어려우며, 이론이 충분하게 발달되지 않았다고 판단했다. 푸아송은 갈루아에게 더 완벽하고 자세하게 이론을 소개하는 논문을 다시 제출할 것을 권했다. 갈루아는 푸아송이 제안한 대로 이해하기 쉬운 원고

를 만들려고 시도했다. 하지만 결

국 그는 세 번이나

제출한 자신

의 연구 논문을 이해하지 못한 아카데미 회원들의 무능력을 비난하며 분노하는 서문 몇 페이지를 쓰다 중단했다. 갈루아의 형기가 끝나갈 무렵, 콜레라가 파리 전체에 퍼졌다. 파리 정부 당국은 정치범인 죄수가 감옥에서 죽었을 때 일어날 반란이 두려워, 갈루아를 시내 밖의 병원으로 옮겼다. 그곳에서 갈루아는 마지막 복역 기간 6주를 보냈다. 그때 그는 병원에서 근무하던 의사의 딸인 스테파니-펠리스 뒤 모텔과 사랑에 빠졌고, 그녀와 새로운 삶을 꿈꾸게 되었다.

마지막 결투

1832년 4월 29일에 갈루아는 감옥에서 풀려났다. 뒤 모텔과의 관계가 2주 만에 끝났을 때 갈루아는 비탄에 잠겼고 낙담했다. 5월 29일, 혁명 당원이자 뒤 모텔의 친구인 페르쇠 데르뱅빌이 갈루아에게 결투를 신청해오자, 갈루아는 동이 틀 때 권총으로 승부를 내기로 했다.

결투 전날 밤, 갈루아는 방정식 이론과 적분함수에 대한 5년 동안의 연구를 약술하면서 시간을 보냈다. 갈루아는 미발표 논문 세 개에 관한 원고를 썼는데, 증명을 완성하기 위한 약간의 보정본을 만들 시간도 없었기에 푸아송이 거절했던 논문의 여백에 자신의 생각을 갈겨썼다. 갈루아는 자신의 연구가 사라지지 않기를 바라면서 절친한 친구 슈발리에에게 이 기록과 출판되지 않은 논문을 가우스와 야코비에게 넘겨달라는 편지를 썼다.

1832년 5월 30일 새벽, 에바리스트 갈루아는 결투 도중 복부에 총알을 맞고, 다음 날 20세의 나이에 세상을 떠났다. 삼천 명의 사람들이 6월 2일에 열린 그의 장례식에 참석했고, 혁명당원들은 며칠 동안 파리의 거리에서 재결집하며 시위를 벌였다. 그러나 이러한 사회적인 관심과 시위에도 불구하고, 갈루아는 비석 하나 없이 공동묘지에 매장되었다.

뒤늦게 알려진 연구의 가치

11년 동안 슈발리에와 갈루아의 형 알프레드는 가우스, 야코비를 비롯한 유럽의 여러 수학자들에게 갈루아의 마지막 기록과 연구 논문집을 보냈다. 처음으로 갈루아 연구의 중요성을 인식한 사람은 프랑스 수학자 조제프 리우빌이었다. 리우빌은 갈루아의 특이한 용어와 표기법을 연구하고 그의 간결한 증명에서 누락된 단계를 삽입한 후에, 그 결과가 정확하고 완벽하며 중요하다는 것을 깨달았다. 1843년 9월, 리우빌은 근호에 의한 대수방정식 풀이에 관한 갈루아 연구를 분석한 설명서를 아카데미 회원들에게 제출했다.

1846년 10월에 리우빌은 〈에바리스트 갈루아의 수학적 연구〉라는 제목으로 〈순수 응용 수학 저널〉에 갈루아의 67쪽짜리 논문을 발표했다. 이 논문은 갈루아의 출판된 논문 5개와 결투 전날 밤에 갈루아가 썼던 '오귀스트 슈발리에에게 보낸 편지', 두 개의 발표되지 않은 논문 〈근호에 의한 방정식 가해성 조건에 관한 연구 논문〉, 〈근호에 의해 풀릴 수 있는 원시 방정식〉을 포함하고 있었다.

리우빌의 노력과 몇몇 논문의 출판으로 갈루아의 연구는 재조명되었다. 하지만 갈루아의 연구는 여전히 너무나 앞서가는 이론이어서 20년 동안 단지 몇몇 수학자만이 그것을 이해할 수 있었다. 엔리코 베티, 레오폴트 크로네커, 샤를르 에르미트를 비롯한 사람들은 갈루아의 연구에 관한 논평을 썼고 갈루아의 연구를 직접 적용한 약간의 결과들을 발표했다. 1866년 발표된 알프레드 세레의 《고등 대수에서의 과정》의 세 번째 판과 1870년 발표된 카미유 조르당의 〈대입에 관한 논문〉은 마침내 군론과 갈루아 연구 전체를 수학의 주요 이론으로 통합했다. 이 두 책은 수학자들이 충분히 갈루아의 연구를 개발할 수 있게 했고 연구 결과들을 과학적으로 응용하며 다양하게 적용할 수 있도록 했다. 19세기 말에 갈루아 연구에 대한 수학자들의 설명과 논평은 거의 천 페이지를 채웠다.

1906년과 1907년 〈수학적 과학의 회보〉 편집자인 따네리는 미발표 논문 15개를 추가하여 〈갈루아의 원고와 편집되지 않은 논문〉이라는 갈루아 연구의 완전판을 출간했다. 여기 실린 논문인 〈방정식 이론이 어떻게 치환이론에 의존하는가〉와 〈치환과 대수방정식 이론에 관한 연구〉에서 갈루아는 그의 연구를 어떻게 치환군으로 코시의 결과 위에 세웠는가를 보였다. '제1종 타원함수의 나눗셈에 관한 연구 논문'은 베른

하르트 리만이 독립적으로 1857년에 증명했던 진보된 결과, 즉 적분을 세 개의 범주로 분류했던 아벨적분과 타원함수에 대하여 쓴 분실된 원고였다. 철학적 논문 〈순수 해석의 진보에 관한 토론〉은 대수 분야 연구의 미래 전망과 현대 수학 이념에 대한 그의 생각, 과학적인 창조의 조건에 관한 몇 가지 숙고를 제공했다.

갈루아의 업적

오늘날 수학자들은 근호에 의한 대수적 방정식 해결에 대한 갈루아의 연구가 수학에 매우 중요한 공헌을 했다고 생각한다. 아벨이 이미 완전히 방정식의 가해성에 관한 질문에 답했는데도, 갈루아의 새로운 기술은 직접적으로 이 문제를 넘어 확장되었고, 수학의 새로운 분야를 만들었다. 갈루아의 아이디어는 추상적 수학 구조 연구에 관한 기초 구성요소인 군이론의 창설로 이어졌다. 또한, 방정식의 해와 군들의 특징 관계를 설명하는 진보된 수학 분야인 갈루아이론을 창설했다고 알려져 있다.

최초의 컴퓨터 프로그래머

어거스타 에이다 러브레이스

Augusta Ada Lovelace
(1815~1852)

어거스타 에이다 러브레이스는
찰스 배비지의 분석엔진에 관한
컴퓨터 프로그래밍 과정을 설명했다.

최초의 컴퓨터 프로그래머

현대의 필수품이 되어버린 컴퓨터는 만들어지기 오래전부터 사람들의 단순한 상상 수준을 넘어 수학적이고 과학적인 연구물로 처음 등장했다. 진짜 컴퓨터가 나오기 150년 전, 어거스타 에이다 러브레이스는 오늘날의 개인 컴퓨터의 가능성까지 예견하며 컴퓨터 프로그래밍에 해당하는 과정을 자세히 서술했다. 영국의 유명한 대표적인 낭만파 시인 바이런의 친딸로 알려진 러브레이스는 컴퓨터의 아버지라 불리는 찰스 배비지와 함께 연구했으며, 배비지의 **해석기관**을 어떻게 통제하는가 설명해 주는 광범위한 기록을 남겼다. 이 기록을 만들면서 에이다는 베르누이 수를 계산할 때의 필수적인 단계를 완벽하게 설명했고, 이런 역사적인 업적은 에이다의 풍부한 수학적 지식으로부터 나온 것이었다.

해석기관 1833년에 영국의 수학자 배비지가 고안한 세계 최초의 범용(汎用) 자동 디지털 계산기. 오늘날의 컴퓨터와 유사한 기능을 갖추었으나 당시의 기술 수준이 낮아서 완성하지는 못했다.

윤택한 교육 환경

러브레이스 백작부인, 또는 어거스타 에이다 바이런 킹은 1815년 10월 10일 런던에서 태어났다. 그녀는 결혼하기 전 어거스타 에이다 바이런으로 불렸다. 그녀의 부모는 상류 계층에 속한 부유한 사람들이었고, 아버지 바이런 경은 정열적이고 개성이 강한 남자로 영국의 가장 유명한 시인 중 한 명이었다. 바이런 경은 부인 이사벨라와 이혼하고, 에이다가 태어난 지 4개월 후에 영국을 떠났다. 바이런 경은 때때로 에이다를 데려가서 자신의 여동생이 기르게 하겠다고 협박했지만, 에이다가 8살이 된 1824년에 사망하는 바람에 딸을 다시는 보지 못했다.

시인 남편에 의해 '평행사변형의 공주'라고 불리던 바이런 부인은 수학에 관심이 많았고 딸 에이다와 그것을 공유했다. 당시의 사회적 관습에 따르면 상류층의 젊은 숙녀들이 수학을 공부하고 접하는 것이 좋게 여겨지지 않았는데도 그녀는 딸이 수학을 최대한 많이 학습할 수 있도록 격려했다. 에이다는 수학 공부 외에도 바이올린을 연주했고, 몇 개의 외국어를 익혀 읽고 말하게 되었다. 그녀는 배 모형을 만드는 것도 즐겼고, 한번은 증기를 동력으로 움직이는 비행기의 설계도를 만들었다.

에이다는 어린 시절부터 성인이 된 이후까지 계속해서 여러 명의 개인 교사에게서 교육을 받았다. 이 개인 교사 중에는 바이런 부인의 수학 담당 가정교사였던 윌리엄 프렌드, 수학·과학 작가로 국제적으로 널리 알려진 메리 소머빌, 그리고 후에 런던의 유니버시티 칼리지의 수학 교수가 된 드 모르간이 포함되어 있었다.

에이다는 극장, 무도회, 연주회, 다과회 등 격식 있는 행사에 다니며 런던 상류층의 사교계 생활을 경험했다. 1833년 5월 10일, 그녀는 세인트 제임스 궁에서 국왕 윌리엄 4세와 왕비 아델라이드에게 소개되며 사교계에 처음 등장했다. 그해 6월, 에이다는 연회에서 차분기관으로 알려진 계산기를 만든 영국 수학자 찰스 배비지를 만났다. 배비지의 기계를 보고 난 2주 후, 에이다와 바이런 부인이 배비지의 런던 작업장실 방문했다. 에이다는 기계실 발명에서 나타나는 수학적 성질에 관심을 갖게 되었고, 배비지와 평생 지속될 우정을 꽃피우기 시작했다.

1835년 7월 8일에 에이다 바이런은 소머빌이 그해 초에 소개해 준 29살의 과학자 윌리엄 킹과 결혼했다. 그녀의 나이 19살 때였다. 윌리엄 킹이 1838년에 러브레이스 제1대 백작의 지위로 올라가면서 그녀는 러브레이스 백작 부인이 되었다. 그녀의 공식 명칭은 러브 레이스 백작 부인 또는 어거스타 에이다 바이런 킹 부인이었지만, 그녀는 자신을 에이다 러브레이스라 불렀다. 결혼 후 4년 동안 부부는 세 아이를 낳았고, 런던에 있는 집과 교외에 있는 두 채의 집을 오고 가며 풍요로운 삶을 누렸다. 1840년 윌리엄 킹은 런던의 영국 왕립학회 회원이 되었다. 러브레이스는 남편을 통해 많은 연구 논문과 발전된 이론이 담긴 책을 접할 수 있었고, 그것은 그녀가 수학 연구를 계속할 수 있는 계기가 되었다.

배비지의 차분기관과 해석기관

1842년 러브레이스는 배비지와 함께 연구하며 그가 고안하고 있던 계산 기계에 대하여 글을 썼다. 러브레이스는 1833년 배비지의 차분기관을 보기 위해 그의 작업실에 갔다 온 이후로 배비지와 편지를 계속해서 주고받았고 우정을 쌓았다. 1834년 러브레이스는 역학협회The Mechanics Institute에서 대중과학 작가인 디오니시우스 라드너 박사가 진행하는 **차분기관**에 관한 강의에 참석했고, 배비지의 두 번째 계산 기계인 해석기관에 관한 설계도를 검토했다. 배비지와 그녀가 편지를 주고받은 첫 해, 러브레이스는 그들이 함께 추진할 계획을 논의했고, 배비지에게 자신을 가르쳐 줄 수학 가정교사를 추천받았다. 그리고 점점 배비지의 발명에 관심을 가지면서 기계의 도안과 작동의 기초를 이루는 수학적 원리에 정통하게 되었다.

배비지는 영국 내의 수학 교육을 개정하기 위한 목적으로 설립된 케임브리지 대학의 해석학협회Analytical Society의 설립을 도왔다. 그는 1827년부터 1839년까지 케임브리지 대학의 루카시안 수학 석좌 교수로 있었고, 20년 동안 계산 기계를 고안하

> **차분기관** 1823년에 영국의 수학자 배비지가 만든 기계. 덧셈만으로 여러 가지의 수표를 자동적으로 계산할 수 있도록 설계했다. 미분기라고도 불린다.

고 만들었다. 1821년 경 배비지는 수학 표, 항해 표, 천문학 표를 만들 때 필요한 계산을 할 수 있는 기계를 제작하기로 했다. 1822년 배비지는 여섯 자리 대수와 천문학 수표를 계산하고 인쇄할 수 있는 핸드 크랙트 기계를 만들었다. 그는 런던 왕립학회에서 그 기계를 설명하면서, 큰 수를 다루고 복잡한 계산을 할 수 있는 더 강한 기계를 만들자고 제안했다. 1823년 정부는 3년 동안 그의 프로젝트에 자금을 제공하는 데 동의했다. 배비지는 기계의 기능 부분을 충족시키는 몇 가지 작동 모형을 만드는 데는 성공했지만 결코 완전한 차분기관을 완성하지는 못했다. 영국 정부는 배비지에게 오늘날 거의 4백만 달러에 해당하는 17,000파운드를 투자하였으나, 기금 중 6,000파운드를 지출한 1842년에 로버트 필 수상은 이 정부 후원 프로젝트에 대한 공적인 지원을 철회했다.

이 공식적인 발표가 있기 8년 전에, 배비지는 이미 차분기관을 더 개발하는 것을 그만두고 증기 동력으로 움

해석기관의 두 개의 실험 모델의 일부분. 러브레이스가 연구한 해석기관은 증기 동력을 이용하는 기계로 찰스 배비지가 1830년에서 1870년까지 고안했으나 완성시키지 못한 프로그래밍 계산기였다. 펀치 카드 안에 주입된 명령과 논리적인 브랜칭(branching)과 조건을 통제하는 루핑(looping)을 이행하는 능력, 그리고 변하는 자료를 위하여 재사용 가능한 저장 장소들을 갖춘, 말하자면 20세기 전자 컴퓨터와 같은 특징을 가진 기관이었다.

직이는 해석기관을 연구하고 있었다. 해석기관은 차분기관보다 더 진보한 것으로 프로그램을 짤 수 있는 계산 기계를 설계하고 구성하는 데 집중하고 있었다. 1838년 배비지는 중간과 마지막의 수치적 결과가 유지되는 'store(저장)', 산수 계산이 수행되는 'mill(제작기)', 기계에 의해 수행되는 연산 결과를 결정하는 펀치 카드 세트를 포함한 여러 특징을 지닌 기초 기계 설계를 해냈다. 기계를 발달시키는 과정에서, 배비지는 300장의 공학 제도와 수천 장의 세부 기록들을 만들었다. 그러나 당시 공학 기술이 정밀하지 않았기 때문에 배비지가 요구하는 특징을 충분히 만족시키는 기계 요소들을 만들 수 없었고, 때문에 컴퓨터 작동 모델을 부분적으로 만들지 못했다.

해석기관에 관한 러브레이스의 글

1840년 배비지는 이탈리아 튜린에서 과학자들에게 연달아 세미나를 했고, 자신이 고안한 해석기관의 작동을 설명했다. 이 세미나에 참석했던 사람 중 프랑스 대사를 거쳐 이탈리아 총리가 된 이탈리아 공학자 루이지 페데리코 메나브레아는 그 기계에 대한 잡지 기사를 쓰기로 했다.

1842년 10월에 페데리코의 논문 〈찰스 배비지의 해석기관에 관한 아이디어〉는 〈제네바 대백과$^{Bibliothéque\ Universeile\ de}$〉 학술지에 게재됐다. 러브레이스는 배비지의 연구에 대한 메나브레아의 글이 영국 과학계 전체에 알려지도록 그 논문을 프랑스어에서 영어로 번역하기로 결정했다. 1843년 초 과학자이자 발명가이며 지인이었던 교수 찰스 휘트스톤의 중재로 러브레이스는 논문의 번역본에 자신의 연구 결과를 포함한 원고를 리차드 테일러의 〈과학적 연구 논문$^{Scientific\ Memoirs}$〉에 싣기로 계약했다. 〈과학적 연구 논문〉은 리차드 테일러가 1837년부터 1852년까지 출판했던 잡지로 외국 과학아카데미 회보에 나온 좋은 과학 기사들을 번역하여 정리한 외국 번역 논문 모음집이다. 배비지는 여섯 달 동안 프로젝트에서 그녀를 보조하는 데 동의했고 러브레이스의 남편은 그녀의 원고 초안을 복사하는 것으로 아내의 연구를 지지했다.

러브레이스는 메나브레아의 이탈리아어 논문을 영어로 번역하면서 더 상세한 설명이 필요한 몇 가지 주제에 대해 인식하게 되었다. 배비지는 이런 주제에 대하여 러브레이스에게 독창적인 논문을 쓰라고 제안했다. 하지만 그녀가 제안을 거절하자, 배비지는 그녀에게 그 논문에 첨부된 주석 세트에 몇 가지 독창적인 보충 자료를 넣으라고 권유했다. 결국 러브레이스는 배비지의 평가 아래 여러 번 초안을 쓰고 수정을 거듭한 끝에 메나브레아의 17쪽 논문보다 두 배 더 많은 40쪽으로 구성된 일곱 개의 원고를 만들었다. 완성된 작품은 1843년 8월에 〈과학 연구 논문〉에 "군사 공학 장교인 토리노의 L. F. 메나브레아가 쓴 '찰스 배비지에 의해 발명된 해석기관에 관한 개요', 〈제네바 대백과$^{Bibliothèque\ Universeile\ de}$〉에서 인쇄, 새로운 시리즈, XLI, 1842년 10월, 82권: 번역자 A. A. L.에 의한 논문에 관한 주석을 가진"이라고 실렸다. 그녀의 머리글자 'A. A. L.'이 각각의 주석 끝부분에 드러났지만 번역자 이름은 직접 나와 있지 않았다.

이 논문에서 메나브레아는 배비지 차분기관의 능력의 특성과 범위를 묘사했고, 해석기관의 확장된 기능성을 격찬했다. 그는 해석기관이 만들어졌을 때 그 기관은 일련의 전동장치들의 기계의 상호작용을 통하여 사칙 연산(덧셈, 뺄셈, 곱셈, 나눗셈)을 수행할 것이라고 설명했다. 해석기관은 빠르고 정확한 계산을 할 수 있고, 또한 명기된 조건을 만났을 때 연산에 관한 결과를 변경하는 논리적인

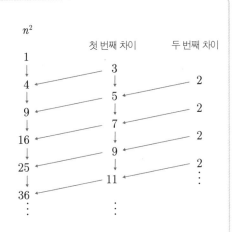

n^2

첫 번째 차이   두 번째 차이

1
↓
    3
4 ←   ↓   2
↓   5 ←
9 ←   ↓   2
↓   7 ←
16 ←   ↓   2
↓   9 ←
25 ←   ↓   2
↓   11   ⋮
36
⋮   ⋮

배비지의 차분기관은 최고 차항이 6차인 다항식의 값에 관한 표를 만들기 위해 유한한 차(differences) 방법을 이용했다. 메나브레아의 논문에 대한 에이다의 번역본에 등장한 것과 비슷한 이 도표는 차분기관이 다항식 n^2의 연속값을 어떻게 계산하는지 묘사하고 있다. 연산자가 각각의 열에 초기값을 공급한 후에 1, 2열의 각 결과값은 열의 위와 오른쪽에 있는 두 개의 입력값의 합으로 계산된다.

분석을 이행할 능력이 있는 것이었다. 이 설비는 기계가 계수기와 조건을 회로 연산과 분기 연산을 통제하는 데 사용할 수 있게 하는 것이었다. 메나브레아는 수를 모으고 다른 일반적으로 사용된 값을 저장하며 표의 나열을 만드는 기계의 능력을 언급했고, 배비지의 해석기관이 3분 안에 두 개의 20자리 수를 곱할 수 있다는 주장을 반복했다.

러브레이스가 메나브레아의 책을 번역하면서 직접 쓴 주석 중 8쪽 분량의 '주석 A'에서, 그녀는 배비지의 초기 차분기관과 진보된 해석기

관 사이의 기초적인 차이를 설명했다. 그녀는 차분기관이 유한한 차 방법을 사용하여 6차 또는 그보다 작은 차수의 어떤 다항식 값을 구할 수 있고, 결과표를 인쇄할 수 있다고 설명했다. 이 방법은 기계가 실제로 수행하는 산술 연산을 기껏해야 연달아 6번 덧셈하는 정도로 만들어, 각각의 함수값의 계산 과정을 줄였다. 수치에 관한 정확한 표를 만드는 차분기관의 능력을 깎아내리지 않기 위해 주의를 기울이면서, 그녀는 차분기관이 제한된 기능을 가진 것에 비해 해석기관은 더 복잡한 표식을 조작하고 사칙연산을 할 수 있다는 점을 대조시켰다. 새로운 기계는 선형방정식, 다중다항식의 체계를 해결할 수 있고, 무한급수의 끝없는 부분을 계산할 수 있으며, 산수 조작만큼 기호 조작을 잘 수행할 수 있다고 서술했다. 러브레이스는 해석기관에 다른 구멍 모양마다 각각 다른 수학적 기호가 대응되는 펀치 카드 세트를 사용하기 때문에 융통성이 있다고 설명했다. 이 카드는 직물에서 복잡한 무늬를 짤 수 있는 쟈가드식 직조기를 다루는 데 이용하는 카드와 유사했다. 이런 제어 카드의 선택과 나열은 그 기계가 수행했던 연산을 결정했고, 그들이 실행되는 어떤 명령 안에서 결정되었다. 러브레이스는 오늘날 현실이 되어버린 컴퓨터 작곡을 예견하면서 음악의 특성이 적절히 정량화될 수 있다면 그 기계가 정교한 음악 작곡을 할 수 있을 것이라고 했다.

  5쪽의 '주석 B'는 기계의 기억을 형성하는 전동장치^{gear}의 수집과 작동을 묘사했다. 전동장치와 다이얼 세트는 그 프로그램의 시작이나 계산 과정 동안 한 변수 안에 저장된 값을 물리적으로 나타내는 각각의 축에 함께 쌓아올렸다. 세 개의 변수에 저장된 값 $a=5$, $x=98$, $n=7$

을 이용하여, 러브레이스는 어떻게 해석기관이 제어 카드의 적절한 나열을 주는 것으로 식 ax^n, x^{an}, $a \cdot n \cdot x$, $\frac{a}{n}x$, $a+x+n$의 값을 구하도록 만들어질 수 있는지 설명했다. 그녀의 설명은 계산하는 동안 이용되는 값을 가진 공급변수와 결과값이 저장되는 수신변수를 구별했다. 러브레이스는 1쪽으로 구성된 '주석 C'에서 사이클로 알려진 작동의 장애물이 카드를 백업하고 그들을 반복적으로 처리하므로 다중 곱이 수행될 수 있다고 언급했다.

5쪽 '주석 D'에서 러브레이스는 식 $\frac{dn'-dn'}{mn'-m'n}=x$와 $\frac{dm'-dm'}{mn'-m'n}$의 값을 구하는 과정을 수행할 때 요구되는 여섯 번의 곱, 세 번의 뺄셈, 두 번의 나눗셈, 즉 11번의 연산의 결과를 질서정연하게 설명했다. 러브레이스는 16개의 공급수신 변수로 11개 연산 각각에 의해 일어나는 점진적 변화를 나타내는 상세한 도표를 보였다. 이 도표는 지금의 어셈블리 언어 컴퓨터 프로그램과 비슷하다. 이 정확한 도표는 메나브레아가 x로 이름 지어진 값을 계산하는 과정을 서술하기 위해 넣었던 일곱 줄의 도표를 일반화한 것이다. 연속된 단계를 설명하면서 러브레이스는 계산 중 나오는 중간 결과(두 개의 주어진 식의 공통분모와 같은)를 저장하는 기계의 능력을 강조했다. 러브레이스는 또한 같은 변수가 공급 역할과 수신 역할을 다 할 수 있는 $V_n+V_n-V_p$과 같은 '인크리먼트' 연산을 이행하는 데 이용되는 방법을 설명했다.

러브레이스는 기계의 수 계산 능력과 해석 능력을 구별하기 위하여 주의를 기울였다.

아홉 쪽으로 이루어진 '주석 E'에서 그녀는 해석기관이 어떻게 두 개의 삼각다항식 $A+A_1\cos(\theta)+A_2\cos(2\theta)+A_3\cos(3\theta)+\cdots$ 와 $B+B_1\cos(\theta)+B_2\cos(2\theta)+B_3\cos(3\theta)+\cdots$ 을 곱하는가를 설명했다. 그녀는 해석기관에 특별한 공식이 입력되어 있지 않아도 해석기관이 급수 $C+C_1\cos(\theta)+C_2\cos(2\theta)+C_3\cos(3\theta)+\cdots$ 의 계수를 결정하는 데 식 $\cos(n\theta)\cdot\cos(\theta)=\frac{1}{2}\cos((n+1)\theta)+\frac{1}{2}\cos((n-1)\theta)$ 를 이용할 수 있다는 것을 보였다. 러브레이스는 해석기관이 대수를 다루는 능력이 뛰어나 로그, 사인, 탄젠트와 같은 비다항방정식의 무한급수를 조작하는 수준에 이른다고 강조했다.

두 쪽으로 이루어진 '주석 F'는 10개의 변수를 포함하는 10개의 선형 방정식의 체계가 삼각 동차 다항식으로 감소하는 과정을 보였다. 러브레이스는 나머지 9개 방정식에서 첫 번째 변수를 제거하고, 나머지 8개 방정식으로부터 두 번째 변수를 제거하는 과정을 반복하여 10개의 방정식이 단지 하나의 변수를 가질 때까지 계산하고, 세 개 카드의 110회 사이클을 재이용하는 것으로 330개의 연산이 실행될 수 있다는 것을 설명했다. 러브레이스는 완전한 식이 주어지지 않은 상태에서 수학적 해답을 얻는 이 계산 과정을 기계의 또 다른 능력으로 인용했다. 러브레이스는 연속된 긴 계산을 수행하는 이 능력을 이용하여 수학자들이 새로운 결과를 추론할 수 있게 될 것이라고 예견하며 주석을 끝맺었다.

러브레이스의 글 중 가장 역사적으로 중요한 부분은 첫 번째 컴퓨터 프로그램을 보여준 10쪽 분량의 '주석 G'였다. 두 개의 어구와 도표 형식으로 그녀는 베르누이 수로 알려진 값의 수열을 계산하는 과정을 상세히 보여 주었다. 순환식을 유도한 후, 러브레이스는 그 기계가 작은 값 B_0, B_1, B_2, $\cdots$, B_{2n-1}을 계산하고 저장하여 베르누이 수 B_{2n}을 어떻게 결정할 수 있는지 보였다. 베르누이 수를 계산하는 프로그램은 각각 연산이 일일이 열거되며 한 번씩 이행되었던 '주석 D'에 나온 설명보다 더 논리적으로 복잡한 것이었다. 이 프로그램의 단계가 이행되는 순서는 양의 값을 구하는 기계의 능력에 의존했고 단계의 사이클을 수행하거나 다른 연산을 수행하도록 선택했다. 이런 회로^{looping}와 분기^{branching} 개념은 고정된 명령 목록과 논리적인 컴퓨터 프로그램을 구별시킨다. 프로그램에 관한 러브레이스의 설명에서 아주 작은 세부 항목들은 그 과정에 요구되는 사칙연산의 전체 수 계산을 포함한다.

'주석 G'는 또한 해석기관에 대한 다른 중요한 정보를 포함하고 있었다. 주석의 처음 절은 기계의 특징 6개를 요약했다. 사칙연산을 수행하고 끝없는 크기를 갖는 수를 처리하는 능력과 더불어, 러브레이스는 산술적 해석과 대수적 해석 모두를 수행하는 기계의 능력에 대해 언급했다. 러브레이스는 양수·음수를 다루는 능력, 한 식을 다른 식으로 대체하는 기능, 0이나 무한인 한  을 인지했을 때 명령의 연속을 수정하는 해석기관의 능력을 언급했다. 그녀는 또한 어떻게 기계가 멱급수에 관한 것뿐만 아니라, ax^n 형태의 식에 관한 미분과 적분을 계산하도록 민들어질 수 있는가를 간략하게 논의했다.

말년의 활동과 우울한 죽음

러브레이스의 번역과 주석이 출판되자 그것은 지식인들로부터 높은 평가를 받았다. 배비지는 그녀의 작업을 자신의 기계에 관한 당대 최고의 설명이라고 칭찬하며, 그 글을 통하여 과학자들이 해석의 전체 과정을 이행하는 기계를 만들게 될 것이라고 확신을 가졌다. 소머빌은 어려운 주제를 자세히 묘사한 그녀의 명석함을 칭찬하며 축하를 보냈다. 발표된 작업물 안에 그녀의 흔적이라고는 단지 그녀의 머리글자 'A. A. L.'만이 들어 있었지만, 런던의 작은 과학 공동체 안에서 대부분은 그녀가 그 책의 지자라는 것을 알았다.

러브레이스는 번역이 성공함에 따라 사람들이 자신을 과학 작가로 여기게 되기를 바랐다. 그녀는 배비지와 소머빌에게 보낸 편지에서, 해석기관에 관한 출판을 그녀가 낳고 싶어 하는 많은 자식 중 첫아이라고 비유했다. 그녀는 자유로운 작가로서의 생활을 추구하기 위해 세 자녀를 돌보아 줄 가정교사와 보모를 고용하기로 했다. 러브레이스는 배비지가 해석기관을 완전히 발명하는 데 걸린다고 추정했던 3년 동안 문서 업무를 수행하고 기술적인 자료를 만들며, 해석기관을 공표할 수 있도록 자신을 고용해 달라고 제안했다. 배비지가 그녀의 제안을 거절한 후, 러브레이스는 영국의 알버트 왕자에게 과학 고문 자리를 자신이 맡겠다고 요청했다. 그녀는 인간의 신경 순환 체계에 관한 미시적 분석과 전기 회로, 유독 물질, 비술, 최면술과 몇 가지 과학 발견의 역사에 대한 자료들을 모으기 시작했다. 러브레이스는 과학자 마이클 패러데이와 앤드류 크로스에게 전기학에 대한 실험과 논문 프로젝트를 함께하자고 제안했다. 그녀는 여러 개의 잠재적인 프로젝트들을 고려하고 작업을 시작했지만, 결국 유일하게 발표된 마지막 작업은 자신의 책이 아니었다. 그것은 1848년에 그녀의 남편의 책(농작물의 성장에 관한 기후 효과를 저술한 프랑스 농업경제학자 드 가스파랑의 책에 대하여 쓴 논평)에 첨부한 약간의 단락과 각주 작업이었다.

러브레이스는 언쟁과 추문으로 둘러싸인 생애의 마지막 시간들을 보냈다. 그녀는 살아 있는 동안 천식, 소화기 질환, 불안정, 우울, 환각으로 고통을 겪었다. 그녀는 이런 병들을 치료하려고 과학적인 방법을 찾는 한편 아편, 대마초, 모르핀, 알코올을 이용하여 치료하려고 시도하다 건강을 더욱 악화시켰다. 한편, 배비지와 그녀는 결함이 있는 수학적 확률론에 기초를 둔 도박률 체계를 개발했고, 러브레이스는 이 도박률을 근거로 내기를 시도하다 너무나 많은 돈을 경마 내기에서 잃게 되었다. 이 도박 빚을 갚기 위해 그녀는 갖고 있던 비싼 보석들을 팔아야 했고, 그녀의 남편은 채권자들을 중재해야 했다. 결국 많은 연구를 시도하겠다던 큰 꿈을 펼치지 못한 채 어거스타 에이다 러브레이스는 1852년 11월 27일에 자궁암으로 죽었다.

컴퓨터의 아버지와 최초의 프로그래머

배비지는 해석기관을 만들지 못하고 죽었지만, 그가 프로그램으로 짤 수 있는 첫 번째 컴퓨터를 고안했기 때문에 컴퓨터 과학자들은 그를 '현대 컴퓨팅^{computing}의 아버지'로 여긴다. 해석기관과 의사소통하는 방법과 통제하는 방법에 관하여 처음으로 명확한 설명을 남긴 작가인 그녀는 최초의 컴퓨터 프로그래머였다. 그녀가 19세기에 남긴 글은 20세기 컴퓨터 프로그래머들에게 직접적인 영향을 주지 않았지만, 그녀의 작업이 프로그래머의 치초가 되었다는 것은 분명하다.

배비지의 기계에 관한 러브레이스의 주석은 재발견되었고 1953년 B. Y. 보우든에 의해 〈사고보다 빠른 : 디지털 계산 기계에 관한 논문집〉에 함께 실려 출판되었다. 1980년 미국 정부는 그녀에 대한 존경을 담아 '에이다'라고 불리는 새로운 표준화된 프로그래밍 언어를 계발한다는 계획을 공고했다. 한 집단이 다른 집단이 개발했던 프로그래밍 코드의 분절을 사용할 수 있게 하여, 연방 정부 컴퓨터 체계 사이에 의사소통을 용이하게 하면서 모든 육군과 정부의 애플리케이션(응용 소프트웨어의 총칭)이 '에이다' 언어로 개발되었다. 정보공학 분야의 전문 기관인 '컴퓨터 사용 여성 연합'은 컴퓨터 과학 분야에 현저히 기여하는 여성에게 해마다 어거스타 에이다 러브레이스 상을 수여하고 있다.

플로렌스 나이팅게일

Florence Nightingale
(1820~1910)

플로렌스 나이팅게일은 영국 병원, 육군 병영과
진료소 상태를 개선시키기 위해 의학·건강 통계를
그래프로 표현해 정부 지도자들을 납득시켰다.
– 그레인저

나의 성공 비결을 이렇게 말할 수 있다.
나는 변명을 하지도, 변명을 받아 주지도 않는다.
– 플로렌스 나이팅게일

통계학에 기초한 의료 사업

플로렌스 나이팅게일은 아픈 병사를 돌보는 천사 같은 간호사의 이미지로 잘 알려져 있다. 사실 그녀는 사회적으로 추구해야 할 긍정적인 변화를 만드는 근거로써 통계 정보를 최초로 사용한 지성인 중 한 명이었다. 크림 전쟁 동안 나이팅게일은 영국 간호사의 지도자로 일했다. 그녀는 군인 병원에서 새로운 간호 경영을 도입하여 사망 비율을 줄였고, 이 자료를 통계적으로 정리하여 의료 시설을 개선하는 데 이용했다. 또한 그녀는 수학자로서 자료의 시각적 요약물을 효과적으로 보여 주기 위해 그래프 기술의 하나인 극 범위 도표를 도입했다. 나이팅게일은 의학과 보건 통계에 관한 그래프를 제시하여 정부와 군 지도자들이 영국 병원, 군 병영과 진료소에 대해 광범위한 개정을 할 수 있도록 도왔다. 그녀가 간호를 위하여 설립했던 훈련 프로그램과 간호에 대한

통계학 집단의 현상(現象)을 수·양적으로 관찰하고, 분석하는 방법을 연구하는 학문.

그녀의 저서들로 인해 간호와 관련한 전문직에 대한 중요하고도 국제적인 변화가 시작되었다.

간호와 수학에 대한 관심

플로렌스 나이팅게일은 1820년 5월 12일 이탈리아 플로렌스에서 휴가를 보내던 부유한 영국 부부 사이에서 태어났다. 지주이며 장관이었던 나이팅게일의 아버지는 영국 더비셔에 사유지를 물려받은 후에 그의 성을 쇼어Shore에서 종조부의 이름을 따 나이팅게일로 바꾸었다. 플로렌스의 어머니는 40년 동안 의회에서 일했던 정치인 윌리엄 스미스의 11명의 자녀 중 한 명이었다. 플로렌스와 그녀의 언니 파르테노페(나폴리의 그리스 이름)는 그들의 부모가 결혼 직후 2년에 걸쳐 유럽 여행을 하는 동안 태어났다. 플로렌스의 부모는 딸들의 이름을 각각 그들이 태어난 이탈리아 도시의 이름을 따서 지었다.

나이팅게일의 가족은 영국의 상류층이었기에 편안하고 사교적인 생활을 즐겼다. 1825년 그들은 리 허스트라 이름 지어진 더비셔의 새로운 토지 소유지로 이사 갔고, 1826년에는 햄프셔에 엠블리 파크라고 불리는 큰 집을 구입했다. 아이들은 어린 시절 동안 읽기, 쓰기, 영국 역사, 성서, 산수를 보모와 개인 가정교사들로부터 배웠다. 아버지는 아이들이 성장하면서 세계 역사, 그리스어, 라틴어, 프랑스어, 독일어, 이탈리어, 수학을 가르쳤다. 햄프셔의 넓은 집에서 나이팅게일 가족은 기품 있는 외국인 방문객들과 런던의 상류 인사들을 대접했다.

나이팅게일은 어릴 때부터 상류사회의 숙녀라는 사회적 신분에 어울리지 않는 간호사에 대해 강한 관심을 갖고 있었다. 당시 간호사는 전문직이 아니었으며, 많이 배우지 못하거나 평판이 좋지 못한 여자들의 직업이었다. 나이팅게일은 어린 시절 일기에 발이 부러진 강아지를 돌보아 주기 위해 열심히 노력한 이야기를 자세하게 기록했고, 어머니와 함께 아픈 이웃들을 방문하면서 느꼈던 인상을 기록했다. 그녀가 성장하면서, 그녀의 친척과 친구들은 아플 때마다 그녀에게 도움과 상담을 받았다. 1837년에서 1938년까지 1년 6개월에 걸쳐 유럽으로 가족들과 함께 간 휴가 동안, 나이팅게일은 이탈리아 제노바에서 듣지 못하거나 말하지 못하는 어린이들이 다니는 학교를 방문했다. 그녀는 스코틀랜드 에든버러, 아일랜드 더블린, 프랑스 파리, 이탈리아 로마, 이집트 알렉산드리아의 수도회 수녀들이 경영하는 병원과 학교들을 방문하기도 했다. 1850년과 1851년에 그녀는 독일 뒤셀도르프 근처 카이제르베르트 자선사업 여성회원 협회를 장기간에 걸쳐 두 번 방문했고, 거기서 종교 단체들이 어떻게 의학 시설을 운영하고 간호 활동을 수행하는지에 대해 경영적 측면에서 자세히 관찰할 수 있었다.

나이팅게일은 간호에 대해 매력을 느끼면서 동시에 수학에도 강한 관심을 갖게 되었다. 20살 때 나이팅게일은 자수나 춤이 아닌 고등 수학을 공부하는 것을 허락해 달라고 부모님을 설득했다. 그녀에게 대수와 기하를 가르친 가정교사 중에는 제임스 조세프 실베스터도 있었다. 실베스터는 나중에 울위치의 왕립 육군아카데미에서 수학 교수를 지내고, 런던 수학협회의 회장이 된 수학자이다. 짧은 기간 동안 나이팅게일은

런던의 빈민 학교에서 어린이들을 지도하고 산술과 기하를 가르쳤다. 친구들에게 보낸 나이팅게일의 편지에는 그녀가 수학의 역사와 유명한 수학자들의 삶에 관한 일화를 많이 알고 있다는 것이 나타나 있다.

나이팅게일은 자료 분석과 관계있는 수학 분야이며 그 당시 발달하고 있던 통계학 분야에 깊은 관심이 있었다. 그녀는 벨기에 수학자 아돌프 케틀레가 1835년에 쓴 책인《사람과 사람의 능력 발달에 관한, 사회적 물리학》을 읽었는데 이 책에서 케틀레는 인간의 특성을 측정하면 그 자료가 '평균적인 사람'의 특성 주변으로 정규곡선에 따라 분포된다는 의견을 소개했다. 나이팅게일은 또한 1847년 옥스퍼드의 영국과학진보협회 모임에 참석했고, 교육률이 높은 나라에서 범죄 발생률이 낮다는 것을 보여 주는 F. G. P. 네이슨의 통계 보고서에 대한 발표를 들었다. 나이팅게일은 몇몇 경제학자들이 사회적 조건에 관한 분석에 통계적 증거를 사용하기 시작했다는 것을 알게 되었다.

나이팅게일은 일기와 1850년대 초에 발표한 글에서 간호사로 일생을 헌신하겠다고 결심하게 만든 사건들에 대해 썼다. 1951년 나이팅게일은 간호 시설을 처음으로 방문했을 때 받은 호의적인 인상을 묘사한 소책자《라인 강에서 카이제르베르트의 기관》을 출판했다. 다음 해, 나이팅게일은 결혼은 이기적인 일이고 여자는 직업에서 성취를 찾아야 한다는 의견을 포함한 그녀의 개인적인 철학관을 세 권의 원고에 담아 《영국의 장인 사이에서 종교적 진리를 추구하는 사람들에 대한 사고 제안》을 썼고 이 글은 1860년에 발표되었다. 1854년, 뛰어난 소설가였던 나이팅게일의 언니 파르테노페는 나이팅게일이 이집트에서 5개월 여행하는 동안 보내 온 편지들을 《나일 강 여행, 이집트로부터 온 편지들》(1849~1850)이란 제목으로 편집했다. 유럽 전역에 널리 알려진 이 여행담은 이집트 사회의 여성의 역할뿐만 아니라 건강 관리와 교육 실태에 대한 그녀의 의견을 포함하고 있었다. 그 일기에는 이집트에 서의 몇 달 동안 겪은 다섯 번의 환시(하느님이 그녀의 삶을 봉사에 헌신하라고 했다고 한다)가 기록되어 있다. 영국으로 돌아간 뒤 나이팅게일은 시인이며 후에 하우튼 경이 된 사회운동가 리차드 몽크턴 밀네스와의 9년 동안의 연애를 끝냈고, 간호사로서 헌신하게 되었다.

1853년, 33세의 나이팅게일은 런던의 인밸리드 젠틀우먼the Invalid Gentlewoman이라는 시설의 무급 관리자 자리에서 일하게 되었다. 그녀는 간호사가 환자들의 병동에 인접한 숙소에서 자야 하고, 환자가 종을 울릴 때마다 간호사가 와서 돌보아야 한다고 요구했다. 그녀는 간호 절차의 완벽한 변화를 추구했다. 나이팅게일은 뜨거운 물이 나오는 파이프와 병동으로 환자의 음식을 배달해 주는 엘리베이터 같은 기계 시설을 설치했고, 27개의 침대로 병원 수용력을 증가시켰다. 석 달 동안 나이팅게일은 군목, 수석 내과의사, 간호사와 관리인 등을 포함한 전체 직원을 거의 바꾸었다. 그녀는 여러 가지 변화를 시도했지만, 그녀의 중요한 목적인 간호사 훈련 기관 설립에는 착수하지 못했다.

병원 경영을 관리하는 광명의 천사

1854년 10월 나이팅게일은 영국, 프랑스, 터키 군대가 러시아 군대와 싸우고 있던 크림 전쟁이 벌어지는 동안, 흑해 근처 육군병원에서 봉사할 여성 간호사 모집에 응했다. 크림 전쟁의 수장이었던 시드니 허버트를 포함하여 몇몇 영향력 있는 지인들의 중재로, 나이팅게일은 터키에 있는 영국 육군통합병원에서 여성 간호 시설의 관리자로 임명되었다. 11월, 그녀를 비롯한 아일랜드, 영국, 프랑스 출신의 간호사 38명은 콘스탄티노플(지금의 이스탄불) 근교 스쿠타리(터키 위스크라드)에 도착했고, 그곳에서 그들은 크림 전쟁 지역의 주요 영국 의학 시설인 병영병원에서 일하게 되었다. 사무실에 배당된 육군 예산과 별도로 그녀는 간호 사절 활동을 위하여 영국에서 개인적으로 기부받은 9,000프랑의 기금을 관리했다.

나이팅게일의 공식적인 책무는 4개 지역 병원의 간호사들을 감독하는 것이었지만, 그녀는 병원 운영에 관한 모든 면에서 큰 변화를 도입하며 폭넓게 일했다. 새로운 식당과 세탁 시설을 지었고, 병원의 벽을 단열·방음 처리했고, 식사 준비와 매일의 경영 관리에서 새로운 절차를 도입했다. 개인적인 기금으로 나이팅게일은 과일, 채소, 양질의 고기와 추가적인 약, 붕대를 샀다. 병원의 시설과 환경을 충분히 향상시키기까지는 넉 달이 걸렸지만, 나이팅게일은 병원의 계획성 없는 경영에 질서를 갖춰 놓았고, 그녀가 추진한 변화가 불러일으킨 효과를 직접 관리하도록 문서를 기록, 보존하는 정확한 체계를 수행했다.

나이팅게일의 문서를 보면 그녀가 병원에 도착했던 1854년 11월 한 달 동안, 스쿠타리 병원에 수용된 환자들의 60퍼센트 이상이 죽었다고 기록되어 있다. 1855년 2월, 나이팅게일이 추진한 향상 프로그램이 충분히 이행되기 전 마지막 달이었다. 그녀가 주력해온 병원의 변화는 군인들의 사망률을 43퍼센트로 떨어뜨린 점이다. 나이팅게일의 새로운 간호 체계가 성공적으로 운영된 지 석 달이 지난 6월의 사망 비율은 2퍼센트로 떨어졌다. 그러한 절차 변화가 이루어지지 않았던 다른 프랑스 육군병원의 사망률은 거의 40퍼센트를 지속했다.

런던의 주요 신문인 〈타임즈〉의 종군기자는 나이팅게일의 작업 효과를 칭찬하고, 그녀를 국가의 여걸로 선언하는 기사를 썼다. 빅토리아 여왕은 1855년 5월, 나이팅게일이 발진티푸스에 걸렸다는 전보를 받았다. 여왕은 크림 반도에서 영국 군대의 사령관인 래글런 경에게 수훈을 이룬 환자를 방문하고, 나이팅게일이 가장 원하는 요청 사항을 전달하도록 명령했다. 신임 장관이었던 판무어 경은 10월에 나이팅게일의 책임 역할을 전체 전쟁 지역에 걸친 모든 영국 병원으로 확장하면서 그녀를 육군병원의 여성 간호 시설에 대한 총 관리자로 임명했다. 육군성은 식품, 세탁, 가구의 표준화와 관리에 대한 그녀의 정책을 모든 육군병원의 공식 절차로 채택했다. 왕립 인증서에 군의관에 관한 임무와 급료에 관한 그녀의 개정도 받아들여졌다.

군인 사망률에 대한 통계적 분석

1856년 7월, 전쟁이 끝난 지 4개월이 흘렀다. 나이팅게일은 많은 대중들의 환호를 받으며 영국으로 돌아왔다. 나이팅게일은 자신의 명성과 유명세를 비위생적인 환경에서 육군 병사들이 생활하는 현실을 알리는 데 이용했다. 파머스톤 수상과 빅토리아 여왕, 알베르트 왕자를 만나는 자리에서, 나이팅게일은 군인 숙소와 병원에 대규모 개편이 필요하다는 내용을 논의했다. 육군성이 반대했지만, 1857년 5월에 정부는 군대 의료에 관한 왕립위원회를 설립했다. 나이팅게일은 그 위원회에서 직접 일하지는 않았지만, 위원회를 인솔했던 허버트와 친구 관계였기에 군대 의료에 대한 많은 정보를 제공하며 위원회 업무에 전반적으로 영향력을 발휘했다.

1858년 나이팅게일은 위원회에 '후기 전쟁에서 주로 발견된 영국 군대의 건강, 능률, 병원 경영에 영향을 주는 상태에 관한 기록'이란 제목의 800쪽짜리 보고서를 제출했다. 그녀의 방대한 보고서는 영국 병사들의 평상시 사망률과 크림 전쟁 동안의 사망 비율을 그래프로 요약해서 보여 주었다.

나이팅게일은 선도표를 사용하여 각각 4개의 나이대에서 전쟁을 하지 않을 때 육군 병영에서 살고 있는 병사들의 2퍼센트에 다다르는 사

연령	1,000명당 사망 비율		
20~25	8.4	▬▬▬▬▬▬▬▬	일반 영국인
	17.0	▬▬▬▬▬▬▬▬▬▬▬▬▬▬▬▬	영국 군인
25~30	9.2	▬▬▬▬▬▬▬▬▬	일반 영국인
	18.3	▬▬▬▬▬▬▬▬▬▬▬▬▬▬▬▬▬	영국 군인
30~35	10.2	▬▬▬▬▬▬▬▬▬▬	일반 영국인
	18.4	▬▬▬▬▬▬▬▬▬▬▬▬▬▬▬▬▬	영국 군인
35~40	11.6	▬▬▬▬▬▬▬▬▬▬▬	일반 영국인
	19.3	▬▬▬▬▬▬▬▬▬▬▬▬▬▬▬▬▬▬	영국 군인

0   5   10   15   20

영국의 민간인 남자와 군인들을 비교하고 있다. 나이팅게일은 전쟁이 없는 기간 동안 영국 시민들과 군인들 사이의 사망 비율을 시각적으로 대조하려고 이와 비슷한 직선 그림을 이용했다. 각각 쌍을 이룬 선분의 길이를 비교해 보면 4개의 나이대로 나눈 범주 각각에서 1,000명당 군인의 사망률이 대응되는 일반 시민들의 사망률보다 거의 두 배 많다는 것을 알 수 있다.

망률이 민간인 남자의 사망률보다 두 배 가까이 높다는 것을 보여 주었다. 나이팅게일은 55,000명의 영국 군대 일원에 대하여 이러한 사망률이 지속된다면 건강한 병사들을 육군 병영에 살도록 강요하는 것이 매년 1,100명의 병사를 사살하는 것과 같은 범죄적 행위라고 결론지었다. 그녀는 범위 도표를 사용하면서, 군대에서 매년 20세 남자를 신병으로 모집하고 신병이 40세까지 군대 업무를 유지했다면, 군인 사망률과 병자를 송환하는 비율은 군대의 병력을 잠재적으로 200,000명에서 142,000명으로 감소시킨다는 것을 보여 주었다. 도표에서 그녀는 질병과 사망으로 인한 군인 송환 비율이 민간인 비율보다 현저히 낮게 줄어든다면, 같은 군대의 병력이 이전보다 25,000명 증가한 167,000명의 강건한 군인들로 채워질 것이라는 것을 보여 주었다.

나이팅게일의 보고서는 극 영역도표 또는 수탉의 머리에 있는 빨간

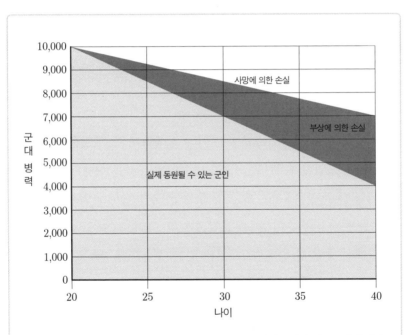

비슷한 도표를 이용하여 나이팅게일은 사망과 영구적인 상해로 인한 영국 군대의 인력 손실을 시각적으로 요약해서 보여 주었다. 두 개의 삼각형 모양의 영역은 사망과 상해가 군사력을 29퍼센트나 감소시킨다는 것을 알려 준다.

볏을 닮았기 때문에 '콕스콤^{coxcomb}'이라고 불리게 된 새로운 그래픽 요약 유형을 도입했다. 그녀는 두 가지 유형의 도표를 이용하여, 1854년 4월에서 1856년 3월까지 크림 전쟁 동안 모든 영국 군인 병원의 사망자 수를 시각적으로 요약해서 보여 주었다. 그녀는 4월에서 3월까지 각각 12개월 동안 한 중심점으로부터 같은 중심각을 가지고 방사상으로 퍼지는 12개의 쐐기 형태로 자료를 나타냈다. 각각의 쐐기의 영역은 대응하는 달의 사망자 수에 비례한다. 각각의 쐐기 내에서 그녀는 사인^{死因}에 따라 매달 사망자 수를 세 개의 범주로 분류했다. 그녀가 파란색으로 색칠한 바깥 부분은 콜레라나 발진티푸스 같은 예방할 수 있는 질병이나 전염병에 기인한 사망을 나타냈다. 그녀가 분홍색으로 칠한 가운

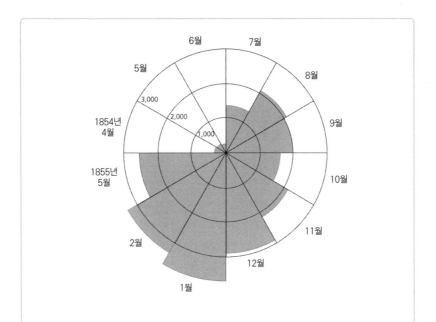

육군성에 보낸 보고서에서 나이팅게일은 크림 전쟁 동안 매달 많은 영국 병사들의 사인을 요약하기 위해 극 영역 또는 콕스콤 그래프를 도입했다. 각각의 쐐기는 전염병, 부상과 기타 이유에 따른 한 달 동안의 사망자 수를 가리키도록 다시 나누었다.

데 영역은 부상으로 인한 사망을 나타냈다. 안의 회색 부분은 기타 원인으로 인한 사망을 나타냈다. 나이팅게일의 그래프 표현은 1855년 1월 3,168명의 병사가 죽었고, 이 중 2,761명(87퍼센트)이 전염병으로, 83명(3퍼센트)이 부상으로, 324명(10퍼센트)이 기타 원인으로 죽었을 때 사망률이 정점에 도달하는 것을 보여 주었다. 이런 사망자 수는 크림 반도에서 영국군 함대의 32,000명의 거의 10퍼센트를 차지한다. 나이팅게일은 이런 사망률이 계속된다면, 전염병에 의해 1년도 안 되어 전체 군대가 전멸할 것이라고 주의를 환기시켰다.

영국의 내과 의사이며 통계학자인 윌리엄 파르는 나이팅게일의 보고서를 통계적 도표와 군대에 관하여 가장 잘된 기록이라고 평가했다. 위원회는 부록에 나이팅게일의 도표 대부분을 넣으면서, 1858년 논문에 그녀의 자료를 많이 포함시켰다. 나이팅게일은 정부 지도자나 군 임원 그리고 평범한 시민에게 개정 필요성을 주장하기 위해서는 문자로만 이루어진 보고서보다 자료를 그래프로 표현한 것이 더 효과적이라고 확신했다. 그녀는 개인적으로 '러시아 전쟁에서 본국, 본국과 해외에서 영국 군대의 사망자 수, 영국에서 일반 시민 인구의 사망자 수와 비교하여'라는 제목으로 표가 들어간 자료의 사본 2,000부를 인쇄하고 배부했다. 1859년 그녀는 유사한 소책자 〈러시아와의 지난 전쟁에서 영국 군대의 위생 역사에 기여〉를 발표했고, 그것은 위원회의 보고서에 받아들여진 수정된 수치에 기초한 그래프 요약을 나타냈다.

이런 보고서들과 군인 사망률에 초점을 맞춘 나이팅게일의 개인적 노력은 정부가 위원회의 권고를 이행하여 4개의 분과위원회를 설립하도록 만들었다. 군 병원과 병영의 물리적인 개조를 맡은 단체들은 군대의 식당, 물 공급, 하수 설비, 환기 장치를 향상시켰다. 다른 세 개 분과위원회는 위생 규범을 만들었고, 군대 의학 학교를 설립했으며, 의학적 통계를 모으는 데 수정된 절차를 고안했다. 이 프로젝트에 관한 나이팅게일의 선구적인 작업에 명예를 내리는 의미에서 영국 통계학협회는 1858년 그녀를 여성 최초로 회원으로 선출했다.

건강 관리 분야의 향상

크림 전쟁 후 4년 동안, 나이팅게일은 자국인 영국뿐만 아니라 국제적으로 건강 보호 환경을 향상시키는 여러 가지 작업에 참여했다. 1858년 나이팅게일과 윌리엄 파르는 자료 형태를 고안했고, 병사들이 살고 있는 환경의 위생 상태에 관한 정보를 수집하기 위하여 인도 전역에 있는 영국육군본부에 우편물을 보냈다. 1859년 그녀는 성공적으로 인도에 왕립위생위원회를 설립했다. 불완전한 하수 설비 체계, 초만원의 거주 상태, 운동 부족, 열등한 병원 시설 탓에 인도에 있는 군인 사망률은 영국에 있는 병사들의 사망률보다 여섯 배나 높았다. 나이팅게일은 인도에 다녀온 뒤 자신의 논문을 위원회에 제출했다. 1863년 위원회의 《인도의 군대에 대한 보고서》에 '나이팅게일 양에 의한 관찰'이란 제목으로 그녀의 논평이 포함되었다. 위원회가 권고한 개정들이 이행되면서 그 후 10년 동안 인도 병사들 사이의 연 사망률이 7퍼센트에서 2퍼센트로 감소되었다.

비효과적인 병원 정책이 통계적 증거에 기초한 논증으로 변화할 수 있다는 확신에서 나이팅게일과 파르는 전 세계 병원으로부터 의학 자료를 수집하는 표준 형식의 설계에 대하여 공동 연구를 진행했다. 그들의 방법은 수용된 환자 수, 배출된 환자 수, 사망한 환자 수, 환자들의 평균 입원 기간, 질병의 수많은 범주 각각에 관한 치료된 환자 수에 대하여 매년 정보를 요구하는 것이었다. 1860년 국제통계학대회에서 나이팅게일과 파의 연구를 모델로 하는 병원 통계 형태는 승인되었다. 하지만 복잡한 구조와 병에 관한 논쟁의 여지가 있는 범주화 때문에 널리 채택되지는 않았다.

국내 위원회와 국제적인 기관과의 공동 연구 활동과 더불어, 나이팅게일은 자신의 책을 통하여 간호와 병원에 관한 건강 보호 실천에 있어서 변화를 꾀했다. 1859년 그녀는 〈간호에 관한 기록 : 무엇이 그것인가 무엇이 그것이 아닌가〉라는 제목의 안내서를 썼다. 나이팅게일이 저술했던 200권의 책들 중 가장 대중적인 그 안내서는 발간한 첫 달에 15,000권이 팔렸다. 그 책은 좋은 간호란 약을 투여하고 붕대를 갈아주는 것뿐만이 아니라 빛의 적절한 이용, 맑은 공기, 따뜻함, 청결, 정숙, 환자들의 근력 손실 최소화, 건강에 좋은 식이요법까지 포함한다는 것을 강조하면서 간호의 기초 원리에 관한 기술을 알렸다. 2년 후, 나이팅게일은 이 책에 '아기 돌보기'라는 절을 추가하여 일반 대중을 위한 값이 싸고 내용이 요약된 판본인 《노동자 계급에 대한 간호에 관한 기록》을 출판했다. 1859년 그녀는 병원이 환자들을 불편하게 해서는 안 된다는 본질적인 원칙을 명확히 진술하는 〈병원에 관한 기록〉을 썼다. 이 책은 병원이 어떻게 지어져야만 하는가에 대한 지침과 그에 대한 실용적인 근거를 포함하고 있었다.

나이팅게일이 간호 업무에 투신한 근본적인 동기 중 하나는 간호 훈련 프로그램을 설립하기 위해서였다. 50,000프랑으로 늘어난 개인 기부금으로 나이팅게일은 재단의 자산을 끌어모아, 1860년 7월 최초로 런던의 성 토마스 병원에 나이팅게일 학교를 열어 15명의 학생들을 육성했다. 이 최초의 현대 간호 교육기관은 나이팅게일이 1859년 책에서 묘사했던 간호의 요소뿐만 아니라 태도, 옷, 보고서 쓰기와 같은 규칙을 강조했다. 시작이 너무 성공적이어서 7년 후에 런던 구빈법(생활할 능력이 없거나 가난한 사람의 구제를 위하여 제정한 법률)은 모든 런던에 있는 구빈원 구호 병원에 훈련된 간호사들을 고용하라는 지시를 내렸다. 그로부터 15년 동안 나이팅게일의 학교는 유럽 전역과 호주, 캐나다, 미국의 간호사들로부터 유사한 학교를 시작하는 데 도움을 달라는 요청을 받게 되었다.

나이팅게일은 죽기 전 30년 동안 건강 문제로 거의 방에만 머물러야 했다. 하지만 그녀는 계속 외국의 지인들과 서신을 교환했고 간호에 관한 책과 논문을 썼다. 나이팅게일은 미국 남북 전쟁 동안 군대 보건의 고문 역할을 하며 봉사했고, 캐나다의 군인 의료 보호에 대하여 영국 육군성에 조언을 했다. 1870년 프랑스가 프로이센 전쟁을 치르는 동안, 프랑스와 프러시아 양국은 부상자들을 치료하는 야전병원을 세우는 데 그녀의 충고를 받아들였다. 간호에 관하여 추가로 쓴 그녀의 글에는 1871년의 〈시설에서 입원에 대한 소개 기록〉, 1882년의 '퀘인의 의학 사전'에 관한 두 논설, 1893년 시카고 전람회에 관한 논문 '아픔-간호와 건강-간호'가 있다. 군인 간호에 대한 그녀의 공로를 인정하여 육군성은 1883년 나이팅게일에게 왕립적십자상을 수여했고, 1907년에는 공로 훈장을 수여하기로 결정했다. 그녀는 1910년 8월 13일 런던에 있는 자신의 아파트에서 운명했다. 비록 그녀의 가족들이 거절하기는 했지만 나이팅게일의 시신은 웨스트민스터 대성당에 안치될 수 있도록 여왕의 허락이 내려지기도 했다. 웨스트민스터 대성당에 묻히는 것은 대영제국 국민으로서 누릴 수 있는 최고의 명예였다. 1857년 미국 시인 헨리 워즈워드 롱펠로는 그의 시 '성 필로미너'에서 나이팅게일의 이미지를 등불을 든 동정심 있는 숙녀로 묘사하며 대중화했다.

통계적 자료를 활용한 전문 의료인

크림 전쟁 동안 나이팅게일은 매일 밤 부상병들을 방문하고 병원 병동을 따라 걸으며 많은 시간을 보냈다. 개별 환자에 대한 그녀의 개인적인 치료도 중요한 업적이었지만 더 중요한 업적은 행정가, 작가, 상담역이었다. 그녀는 이 모든 역할을 통계적인 자료를 이용하여 병원과 군인 병영과 구호병원에서 건강 조건을 개정하는 데 영향력을 행사한 대중적인 영웅으로서 수행했다. 나이팅게일은 극 영역도표를 범주화된 자료에 적용해, 내용을 쉽게 효과적으로 파악하도록 시각적 전달을 해 주는 그래프 기술을 도입했다. 통계학이 여전히 수학의 한 분야로만 여겨졌던 그 시대에 그녀는 효과적인 통계 정보가 사회적으로 긍정적인 변화를 이룩하는 데 이용될 수 있다는 것을 보여 주었다.

집합론의 아버지

게오르그 칸토르

Georg Cantor
(1845~1918)

게오르그 칸토르는 무한집합에 관한 급진적인 이론을 도입하여
수학의 새 분야인 집합론을 만들었다.
– 미국 국회 도서관

수학의 본질은 그 자유로움에 있다.
– 칸토르

무한에 대한 도전

무한의 개념에 처음으로 접근한 사람들은 고대 그리스 철학자들이었다. 그러나 그 당시부터 오랫동안 무한이란 단어가 주는 신비감과 난해함 때문에 사람들은 무한에 대해 깊이 연구하지 않았다. 이런 불모지에 뛰어든 칸토르는 무한집합에 대해 급진적인 이론을 도입하며 수학의 새 분야로 집합론을 수립하는 데 결정적인 역할을 했다. 그는 대각선 논증을 사용하여, 자연수·유리수·대수적 수 사이에서의 일대일대응과 사각형 안의 점들·선분 위의 점들 사이에서의 일대일대응을 성립시켰다. 칸토르는 실수 같은 어떤 무한집합의 멱집합이 그 집합 자체보다 더 높은 기수를 갖는 셀 수 없는 집합(비가산집합)을 형성한다는 것을 보이며 무한에 다른 차수^{order}가 존재한다는 것을 증명했다. 칸토르의 연속체 가설, 정수의 정렬성, 기수의 삼분법이 등장하면서 모든 집합의 집합은 수학자들을 엄밀한 집합론의 발달로 이끌었다.

수학 교수를 꿈꾸다

게오르그 페르디난트 루드비히 필립 칸토르는 1845년 3월 3일에 러시아의 상트페테르부르크에서 태어났다. 아버지는 덴마크에서 러시아로 이주한 부유한 상인이자 주식 중개인이었고, 어머니는 바이올리니스트이자 음악 교사였다. 칸토르의 부모님은 둘 다 유대인 혈통이었지만, 루터교 신자인 아버지와 가톨릭 신자인 어머니는 그를 독실한 기독교 신자로 길렀다. 여섯 아이들 중 맏이였던 칸토르는 상트페테르부르크에서 초등학교에 들어가기 전에 어머니로부터 읽기와 쓰기를 배웠다.

칸토르의 아버지의 병세가 나빠지면서 1856년에 가족들은 기후가 온화한 독일로 이주하여 비스바덴에서 머물다가 프랑크푸르트에서 자리 잡았다. 칸토르는 학교에서 뛰어난 학생이었고 이때 철학, 신학, 문학, 음악, 수학에 대해 관심을 갖게 되었다. 그는 비스바덴 김나지움에서 고등학교 3년을 다녔고, 다름슈타트에 있는 중등학교에서 마지막 학년을 보내며 1860년에 졸업했다. 칸토르는 수학자가 되고 싶다고 가족들에게 이야기했지만, 아버지는 그가 엔지니어가 되어야 한다고 주장했다. 다름슈타트의 기술 단과대학에서 엔지니어 프로그램을 2년 동안 이수한 후, 칸토르는 스위스 취리히에 있는 과학기술 전문학교에서 수학을 공부할 수 있도록 허락해 달라고 부모님을 설득했다.

아버지가 1863년 결핵으로 돌아가신 후 칸토르는 베를린 대학으로 옮겨 공부했다. 거기서 그는 유럽을 이끄는 수학자 칼 바이어슈트라스, 에두아르트 쿠머, 레오폴트 크로네커와 공부할 수 있는 기회를 가졌다. 그는 수학적 경험을 넓히기 위해 1866년 여름 한 학기를 괴팅겐 대학에서 보냈다. 1867년 12월 그는 '이차 부정방정식에 대하여'라는 박사학위 논문을 제출했다. 이 연구에서 칸토르는 독일 수학자 카를 프리드리히 가우스가 1801년 임의의 정수 계수 a, b, c에 대하여 방정식 $ax^2 + by^2 + cz^2 = 0$을 만족하는 정수 x, y, z를 관련 지어 증명했던 미해결 문제를 풀었다. 이 어려운 문제를 해결하면서 칸토르는 탁월한 성적으로 박사학위를 받았다. 같은 해 칸토르는 자신이 제기한 미해결 질문이 증명에 성공했던 정리보다 더 큰 성취를 이끌었다는 연구의 중요성을 주장하는 또 다른 학위 논문 〈수학에서 질문을 하는 기술은 문제를 해결하는 것보다 더 유익하다〉를 썼다.

대학 교수 자리를 얻기 위해 기다리는 동안 칸토르는 독일 교사 자격시험에 합격했고, 베를린에 있는 여학교에서 1년간 학생들을 가르쳤다. 1869년 그는 할레 대학의 조교수가 되었다. 조교수는 강의를 할 수 있지만 학생들에게 보수를 직접 받아야 하는 지위였다. 그 후 1872년 부교수가 되었고, 1879년에 정교수가 되었다. 칸토르는 계속 학생들을 더 잘 가르칠 수 있고 더 뛰어난 수학 연구자들과 공동 연구를 할 수 있는 보다 훌륭한 시설에서 교수 생활을 하고자 했지만, 그의 연구 생애 44년을 전부 할레 대학에서 보냈다. 1874년 칸토르는 여동생의 친구인 발리 굿만과 결혼했고, 슬하에 두 아들과 네 딸을 두었다.

해석학과 정수론 연구

스승인 쿠머와 바이어슈트라스의 영향으로 초기에 칸토르는 그들이 연구하던 분야인 해석학과 정수론을 연구했다. 할레 대학의 우수한 수학자인 하인리히 하이네와 연구하면서 칸토르는 사인과 코사인의 무한 합으로 함수를 나타내는 방법인 푸리에 급수와 관련된 의문에 특히 관심을 갖게 되었다. 1867년과 1873년 사이에 그가 썼던 10개의 논문은 높은 수준의 연구를 행할 수 있는 그의 능력을 입증했고, 그가 신중하고 재능 있는 수학자라는 것을 보여 주었다.

칸토르는 〈수학 연보〉에 발표한 1872년 논문 〈삼각급수이론의 일반화에 관하여〉를 쓰며 이 시기부터 그의 업적 중 가장 중요한 연구를 보여 주었다. 이 논문에서 그는 실수를 유리수의 기본 수열(지금 코시 수열이라 불리는)의 극한으로 구성했다. 칸토르의 정의에 따르면, 두 개의 유리수 수열 $a_1, a_2, a_3, \cdots$과 $b_1, b_2, b_3, \cdots$이 둘 다 같은 극한을 갖고 두 수열의 차 수열 $a_1 - b_1, a_2 - b_2, a_3 - b_3, \cdots$이 0으로 수렴한다면, 두 수열은 같은 값을 나타내고 같은 실수를 나타낸다. 수학자들이 수천 년 동안 실수에 대해서 연구했지만, 칸토르의 정의처럼 실수 개념을 구체적으로 표현한 것은 처음이었다. 같은 해 또 다른 독일 수학자 리하르트 데데킨트는 실수를 자신보다 큰 모든 유리수로부터 그것보다 작은 모든 유리수를 분리시키는 경계값으로 데데킨트 절단 개념을 발표했다. 그들이 독립적으로 발달시킨 동등한 두 개념은 해석학의 기본 개념인 실수에 관한 칸토르-데데킨트 공리로 불린다.

실수에 관한 연구에서 칸토르는 분자가 음이 아닌 정수인 무한급수 식 $c_1 + \frac{c_2}{2!} + \frac{c_3}{3!} + \frac{c_4}{4!} + \cdots$ 을 보여 주었고, 이 식은 지금 칸토르 급수라 불리고 있다. 칸토르는 어떤 양의 실수도 칸토르 급수의 부분 합 수열의 극한으로 표현될 수 있다는 것을 증명했다. 그는 또한 실수 표현을 무한의 곱으로 연구했다. 수열에서 첫 번째 n개 항들로 형성된 부분 곱은 실수를 정의하기 위한 더 발전된 수열을 제공했다.

실수를 주제로 한 연구를 통하여, 데데킨트와 칸토르는 서로 연구에 도움을 주고받았고 깊은 우정을 쌓았다. 칸토르는 1874년 스위스에서 신혼을 보내는 동안, 스위스에서 휴가를 보내고 있던 데데킨트와 수학을 의논하기도 했다. 1873년부터 1879년까지 두 사람은 그들의 연구

에 대하여 많은 편지들을 교환했다. 데데킨트의 깊고 추상적이고 논리적인 사고방식은 칸토르의 연구 방향과 사고 발달에 영향을 주었다.

집합론의 탄생

편지를 교환하면서 데데킨트와 칸토르는 수의 무한집합에 대해 논의했다. 집합은 수학 용어의 하나로, 이를테면 '3보다 크고, 9보다 작은 자연수의 모임'과 같이 어떤 조건에 따라 일정하게 결정되는 요소의 모임을 말하고, 특히 그 요소를 집합의 원소라고 한다. 무한 집합은 집합의 요소인 원소가 무한히 많은 집합을 가리킨다.

칸토르는 자연수 집합과 **유리수** 집합이 같은 크기라는 증명을 데데킨트와 공유했다. 칸토르는 창조적인 방법으로 두 무한집합 사이에 원소들을 짝지으면서 **일대일대응**을 발견했다.

우선 그는 양의 정수로 이루어진 유리수를 각 행마다 1을 분모로 갖는 분수, 2를 분모로 갖는 분수, 3을 분모로 갖는 분수, … 순서로 집합을 나열했다. 그리고 이런 전체 나열된 수에서 첫 번째 대각선은 위쪽 방향으로, 두 번째 대각선은 아래쪽 방향으로, 세 번째는 다시 위로, 네 번째는 다시 아래로, … 이런 식으로 따라가며 **수열** $\frac{1}{1}$, $\frac{2}{1}$, $\frac{1}{2}$, $\frac{1}{3}$, $\frac{2}{2}$, $\frac{3}{1}$, $\frac{4}{1}$, $\frac{3}{2}$, $\frac{2}{3}$, $\frac{1}{4}$, $\frac{1}{5}$, $\frac{2}{4}$, $\frac{3}{3}$, $\frac{4}{2}$, $\frac{5}{1}$, …

유리수 정수와 분수를 합친 것을 말하는데, 두 정수 a와 b $(b \neq 0)$를 비 $\frac{a}{b}$ (분수)의 꼴로 나타낸 수이다.

수열 일정한 법칙을 따라 수가 나열되며, 그 법칙에 따라 등차, 등비, 조화수열 등이 발생한다.

수렴 수열에서 나열되는 수들이 점차 일정한 값에 한없이 가까워질 때를 말한다.

실수 유리수와 무리수 모두를 일컫는 수로 사칙연산이 자유롭게 이루어진다.

일대일대응 두 집합 A, B의 원소를 서로 대응시킬 때, A의 한 원소에 B의 단 하나의 원소가 대응하고, B의 임의의 한 원소에 A의 원소가 단 하나 대응되는 것.

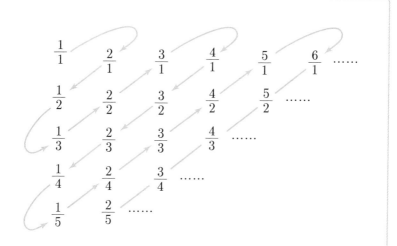

대각선 논증을 이용하여, 칸토르는 모든 양의 유리수를 나열하는 체계적인 방법을 열거했다. 가장 낮은 항에 있지 않은 분수는 무시하고, 0과 음수를 포함하여 그는 자연수 집합과 유리수 집합 사이의 일대일대응을 만들었다.

를 연결했다.

열거된 수 중 약분이 가능하여 처음에 나타났던 것들과 동일한 값을 가지는, 예를 들어 $\frac{2}{2}$, $\frac{2}{4}$, $\frac{3}{3}$, $\frac{4}{2}$ 와 같은 수들은 제거하면서 그는 각각의 양수, 유리수에 각각 다른 자연수를 짝지어 주었다. 대응하는 양의 성분과 초기값으로 열거된 0 이후에 각각 값의 음수를 넣는 것으로 칸토르는 혁신적인 대각선 논증을 통해 유리수 집합이 하나의 셀 수 있는 무한집합, 다른 말로 가산무한집합이라는 것을 증명했다. 칸토르는 그 이후에도 몇 가지 중요한 결과를 증명하는 데에 다양한 대각선 논증 형태를 이용했다.

자연수 집합은 유리수 집합의 원소들 중 일부분이 모인 것으로 자연수 집합은 무한집합인 유리수 집합의 부분집합이다. 물론 칸토르가 무한집합의 원소와 그것의 부분집합의 한 원소 사이에 일대일대응이 성립된다는 사실을 최초로 발견한 것은 아니었다. 1632년 이탈리아 과학자 갈릴레오 갈릴레이는 자연수 1, 2, 3, 4, 5, …가 제곱수의 표면상 작은 집합인 $1^2=1, 2^2=4, 3^2=9, 4^2=16, 5^2=25, …$와 짝지어질 수 있다는 것을 관찰했다. 단지 약간의 자연수가 제곱수인데도 이런 짝짓기는 제곱수의 집합이 모든 자연수 집합만큼 셀 수 없이 많다는 것을 알려주었다. 유한집합에서 부분집합은 항상 자신보다 크기가 작거나 같다고 알고 있었기 때문에 부분집합인 제곱수의 집합이 자연수 집합과 같은 크기를 갖는다는 분명한 모순은 갈릴레오를 당혹스럽게 했고, 그는 그 주제를 더 이상 연구하지 않았다. 그러나 칸토르와 데데킨트는 이런 양상을 무한집합을 정의하는 특성으로 간주했다. 그들은 어떤 집합의 원소가 그 자신의 부분집합 중 한 집합의 원소와 일대일대응을 이룬다면 그 집합은 무한하다는 것을 깨달았다.

칸토르는 무한집합에 대한 생각을 1874년 〈순수 응용 수학 저널〉에서 〈모든 실 대수적 수 집합의 특성에 대하여〉라는 논문으로 형식화했고 확장했다. 이 논문에서 무한 개념에 대한 수학자들의 사고를 급진적으로 변화시킨 무한집합에 대한 두 개의 중요한 결과를 보여줌으로써 칸토르는 집합론을 새로운 수학 분야 중 하나로 만들었다.

칸토르가 집합론의 기초가 되는 논문에서 다룬 두 개의 주요한 주제 중 하나는 대수적 수였다. 대수적 수는 정수 계수를 가지는 방정식

의 해가 되는 실수이다. 이 집합이 자연수, 유리수를 포함했는데도 칸토르는 그 집합의 원소와 자연수 집합 원소 사이에 일대일대응을 구성했다. 정수 계수를 가지는 각각의 다항방정식 $a_0 + a_1 x + a_2 x^2 + \cdots + a_n x^n = 0$에 관하여 그는 계수의 절대값 더하기 방정식 차수의 합 $|a_0| + |a_1| + \cdots + |a_n| + n$을 방정식의 지수로 정의했다. 유일하게 지수가 2인 방정식 $x = 0$은 해가 0이므로 0이 첫 번째 대수적 수가 되었다. 지수가 3인 네 개의 방정식 $2x = 0$, $x + 1 = 0$, $x - 1 = 0$, $x^2 = 0$은 각각 근으로 0, -1, 1, 0을 갖는다. 그래서 칸토르는 새로운 값 -1과 1을 대수적 수에 관한 나열에서 두 번째 성분과 세 번째 성분으로 포함시켰다. 칸토르는 각각의 성분에 대하여 각각의 방정식이 유한하게 많은 근을 갖는 유한한 방정식이 있다는 것을 발견했다. 성분의 순서에 의한 새로운 근을 열거하고 각각의 성분 내에 중요성을 증가시키면서, 칸토르는 모든 대수적 수를 열거하는 체계적인 방법을 수립했다. 그는 이러한 자연수와의 일대일대응을 통해 대수적 수 집합이 가산적인 무한이라는 것을 증명했다.

칸토르가 이 논문에서 증명했던 두 번째 중요한 결과는 모든 실수집합이 셀 수 있는 무한집합이 아니라는 것이었다. 그는 이것을 각각 실수가 축소 구간 수열 $[a_1, b_1]$, $[a_2, b_2]$, $[a_3, b_3]$, $\cdots$과 관계될 수 있다는 것과 이런 모든 수열 집합이 자연수와 일대일대응되지는 않음을 입증했다. 몇 년 후, 칸토르는 이런 결과를 매우 분명하게 하는 더 우아한 대각선 증명을 보였다. 새로 만든 논문에서 칸토르는 실수가 가산 무한이라고 가정한다면 실수가 소수 수열로 순서가 매겨질 수 있

$$a = 0. \quad a_1 \quad a_2 \quad a_3 \quad a_4 \quad \cdots$$

$$b = 0. \quad b_1 \quad b_2 \quad b_3 \quad b_4 \quad \cdots$$

$$c = 0. \quad c_1 \quad c_2 \quad c_3 \quad c_4 \quad \cdots$$

$$d = 0. \quad d_1 \quad d_2 \quad d_3 \quad d_4 \quad \cdots$$

$$\vdots$$

칸토르는 소수 수열 안에 첫 번째 수와 다른 첫 번째 자리를 갖고, 수열의 두 번째와 다른 두 번째 자리를 갖는 식으로 자리값을 선택하여 한 수를 만드는 것으로 소수 수열이 모든 실수를 포함할 수 없다는 것을 증명했다. 이 증명은 실수집합이 가산무한집합이 아니고, 무한의 다른 차수가 존재한다는 것을 보여 주었다.

어야 한다고 서술했다. 어떤 소수 수열 $0.a_1a_2a_3a_4\cdots$, $0.b_1b_2b_3b_4\cdots$, $0.c_1c_2c_3c_4\cdots$, $0.d_1d_2d_3d_4\cdots$, $\cdots$이 주어졌을 때, 칸토르는 a_1과 다른 첫 번째 자리 b_2와 다른 두 번째 자리 c_3와 다른 세 번째 자리, $\cdots$ 이런 식으로 값을 선택하여 열에 있지 않은 한 실수를 항상 만들 수 있을 것이라고 설명했다. 그러나 이런 수열은 실수 모두를 열거할 수 없기 때문에 모든 실수집합은 셀 수 있는 무한집합이 아니다.

이런 두 가지 결과는 실수집합이 자연수, 유리수, 대수적 수의 가산적인 무한집합보다 더 중요하다는 것을 의미했다. 칸토르는 수학자들이 이전에 고려하지 않았던 새로운 개념인 무한의 다른 크기가 있다는 것을 증명했다. 이와 같은 개념에 익숙해지자 칸토르는 집합의 크기를 묘사하는 용어 멱^{power}과 기수^{cardinality}를 도입했고, 두 집합이 같은 기수를 가진다면 '동치^{equipollent}', 라고 불렀으며, 실수의 비가산무한집합의 크기를 '연속체의 기수$^{cardinality\ of\ the\ continuum}$'라고 불렀다. 1844년 프랑스 수학자 조제프 리우빌은 무한히 많은 비대수적 수와 초월수가 있다는 것을 입증했다. 칸토르의 새로운 연구 결과는 초월수 집합이 연속체의 기수를 갖는다는 것을 의미했다. 초월수 집합은 적은 양이 아니라, 오히려 사람들이 더 친숙하게 받아들이는 대수적 수보다 수적으로 우세하다.

무한에 대한 끊임없는 연구

칸토르는 무한집합의 특징을 조사하는 것에 흥미를 느끼고 연구를 계속했다. 〈순수 응용 수학 저널〉에 발표되었던 그의 1878년 논문 '다양체 이론에 대한 공헌에 관하여'에서 칸토르는 이차원 표면과 일차원 선은 같은 점의 수를 갖는다는 것을 증명했다. 칸토르는 혁신적인 증명으로 단위 사각형 $S = \{(x, y) \mid 0 \leq x, y \leq 1\}$ 안에 점들과 단위 구간 $I = \{z \mid 0 \leq z \leq 1\}$ 안에 점들 사이의 일대일대응을 입증했다. 단위 사각형 안의 각각의 점 $(x, y) = (0.x_1x_2x_3\cdots, 0.y_1y_2y_3)$에 대하여 그는 단위 구간 안의 대응점 $z = 0.x_1y_1x_2y_2x_3y_3\cdots$을 만들기 위해 x, y의 소수점 아래 자리값들을 이어 붙였다. 거꾸로 그는 단위 구간 안에 어떤 점 $z = 0.z_1z_2z_3z_4z_5z_6\cdots$에 대하여 단위 사각형 안에 한 점의 좌표$(x, y) = (0.z_1z_3z_5\cdots, 0.z_2z_4z_6)$을 제공하는 두 개의 소수를 만들면서 자리가 분리될 수 있다는 것을 보였다. 칸토르의 증명은 단위 사각형과 단위 구간 집합이 각각 다른 차원인데도 둘 다 연속체의 기수를 갖는다는 것을 입증했다.

사람들이 일반적으로 갖고 있는 직관과 반대되는 증명을 완성했을 때, 칸토르는 데데킨트에게 자신은 그것을 보았지만 믿지는 않는다고 말했다. 칸토르의 증명 기술에서는 단계가 무한히 나타나고, 증명한 내용의 사실성을 받아들이기 어려웠기 때문에 수학자들 사이에 그의 논문은 많은 논쟁을 불러일으켰다. 저널 편집위원으로 일해온 크로네커는 칸토르의 논문이 발표되는 것을 방해하려고 했고, 많은 독일 수학자들로 하여금 칸토르의 급진적인 아이디어를 거부하도록 설득했다. 반면 논문의 중요성을 인식한 데데킨트는 그 논문이 성공적으로 출판되기를 바랐다. 칸토르는 자신의 연구에 대한 반응에 상심한 나머지 유럽 최고의 수학 관련 출판물인 〈순수 응용 수학 저널〉에 그 어떤 연구 결과도 다시는 제출하지 않았다. 칸토르는 나머지 생애 동안 그의 혁신적인 아이디어와 비표준적인 방법이 타당하다는 것을 증명해야 했다.

같은 논문에서 칸토르는 두 개의 무한집합이 동치가 아니라면 한 집합이 다른 집합의 적절한 부분집합에 동치여야만 한다는 특징을 증명 없이 언급했다. 그는 기수의 삼분법으로 알려진 이 기본적인 원리를 확신했지만, 그것을 증명할 수는 없었다. 칸토르의 이 생각은 수학자들에게 영향을 미쳐 1904년에 수학자 에른스트 제르멜로는 칸토르의 기수 삼분법이 다른 공리들과 독립적이기 때문에 집합론의 다른 공리로부터 증명될 수 없다는 것을 보였다. 그리고 선택 공리라고 알려진 첨부된 원리를 도입하여 삼분법을 증명할 수 있었다.

1879년과 1884년 사이에 칸토르는 그에게 가장 중요한 연구인 집합론에 대한 연구를 여섯 부분의 논문 '점들의 무한, 선형 다양체에 관하여'에 담아 〈수학 연보〉에 발표했다. 칸토르는 실수의 모든 무한집합은 가산무한집합이거나 연속체의 기수를 가져야만 한다고 주장하면서 연속체 가설로 알려진 원리를 언급했다. 이 원리는 이러한 두 기수들 사이에 다른 무한 형태가 없다는 것을 의미한다. 그는 히브리어 첫 번째 글자인 기호 알레프($\aleph$)를 사용하여 무한의 두 차수를 〈$\aleph_0$〉와 〈$\aleph_1$〉로 이름 붙였다. 칸토르는 연속체 가설을 증명해내거나 반증해내려고 시도했지만, 어떤 결과도 입증할 수 없었다. 1900년 러시아 수학자 다비트 힐베르트는 20세기 수학의 발전을 위해 실현해야 할 23개의 중요한 문제 중 하나로 이 추측을 뽑았다. 다른 수학자들이 칸토르의 추측을 증명하거나 반증하고자 시도하는 가운데 집합론에 대한 진지한 연구들이 많이 나타났기 때문에 힐베르트의 예상은 정확한 것이었다. 1940년 수학자 쿠르트 괴델은 다른 집합론 공리로부터 연속체 가설을 반증할 수 없는 것을 보이는 것으로 연속체 가설의 정합성(무모순성)을 확인했다. 23년 후, 미국 수학자 폴 코헨은 연속체 가설의 독립성을 연속체 가설이 다른 집합론 공리로부터 증명될 수 없다는 것을 보이는 것으로 입증했다. 칸토르 추측의 무모순성과 독립성은 연속체 가설을 만족하는 타당한 모형과 만족하지 않는 다른 모형을 만드는 것이 가능하다는 것을 의미했다. 칸토르 추측과 같이 다른 증명할 수 없는 진술이 과연 존재하는지 알고자 하는 노력은 수학을 엄밀하고 논리적인 학문으로 변화시켰다.

1883년에 이 여러 편의 논문 중 한 권에서 칸토르는 정렬성 원리로 알려진 아이디어를 언급했고, 이 역시 수학자들에게 논의의 여지를 주었다. 칸토르는 모든 집합에서 각각의 부분집합이 가장 작은 원소를 갖도록 순서 지어질 수 있다는 정렬성 원리가 집합론의 기본적인 특징이라고 주장했다. 칸토르를 비평하는 사람들이 집합론의 기초적인 한 가정으로 이 원리를 받아들이는 것을 거절했을 때, 칸토르는 이 원리를 증명하려고 시도했지만 성공하지 못했다.

1904년 제르멜로는 정렬성 원리가 선택 공리의 결과였다고 증명했고, 결국 수학자들은 선택 공리, 정렬성 원리, 기수의 삼분법이 동치이고 집합론에서 증명될 수 없는 진술이라는 것을 보였다.

칸토르의 여섯 권의 논문에서 다른 논문 몇 가지는 폐집합, 조밀집합, 연속집합, 완전집합과 같은 기초적인 개념을 도입했다. 이 개념들은 결국 수학의 분야로 자리 잡게 된 점집합 위상과 측정론을 이끌었다. 칸토르는 겉으로는 모순된 특징을 갖는 칸토르 집합이라 불리는 한 집합의 예를 들었다. 그는 이 집합을 단위 구간 1을 가지고 시작해서 삼등분의 가운데 부분, 즉 $\frac{1}{3}$과 $\frac{2}{3}$ 사이의 모든 값을 제거하고, 다른 두 개의 나머지 구간에서 삼등분의 가운데 부분을 제거하는 방법으로 연속해서 모든 남아 있는 구간으로부터 삼등분의 가운데 부분을 매번 제거하는 것으로 무한히 많은 단계를 구성했다. 칸토르는 이 집합이 단위 구간에 있는 점 중 각각 분수의 분자가 0 또는 2인 식의 합 $\frac{c_1}{3} + \frac{c_2}{3^2} + \frac{c_3}{3^3} + \frac{c_4}{3^4} + \cdots$으로 쓰여질 수 있는 모든 점으로 이루어져 있다는 것을 보였다. 2의 거듭제곱에 의하여 덧셈 안에 분모를 바꾸면

$$0 \text{───────────────} 1$$

$$0 \text{──────} \frac{1}{3} \qquad \frac{2}{3} \text{──────} 1$$

$$0 \text{──} \frac{1}{9} \frac{2}{9} \text{──} \frac{3}{9} \qquad \frac{6}{9} \text{──} \frac{7}{9} \frac{8}{9} \text{──} 1$$

$$\vdots$$

칸토르 집합은 구간 [0, 1]의 부분집합으로 삼등분한 가운데 값, 즉 $\frac{1}{3}$과 $\frac{2}{3}$ 사이의 값을 제거하고, 남은 두 구간을 삼등분한 가운데 값을 제거하고, 계속해서 남아 있는 구간 내에 이런 방법을 무한히 연속하여 반복하여 만들어지는 집합이다.

서 분자 안에 두 개의 어떤 자리를 하나로 변화시키면서, 칸토르는 거의 공집합에 가까운 단위 구간이 연속체의 기수를 갖는다는 추측을 점의 결과 집합이 단위 구간 내에 있는 전체 점집합과 일대일대응을 이룬다는 것으로 증명했다.

크로네커와의 계속된 악연

1884년 칸토르는 베를린 대학의 수학 교수 자리에 지원했다. 하지만 크로네커가 필사적으로 칸토르의 교수직을 방해했다. 칸토르는 크로네커를 공격하기 위해 〈수학적 활동〉의 편집자 미타그ー레플러에게 52통의 편지를 쓰는 것으로 응답했다.

이 논쟁의 한복판에서 칸토르는 신경쇠약으로 고통받고 정신병원에 입원했다. 일생동안 정신적 혼란과 조울증으로 6번 정도 요양소에서 치료받았던 칸토로의 첫 입원이었다.

병원에서 나온 후 칸토르는 철학과 문학 강의를 하려고 지원하기도 했고, 프랜시스 베이컨 경이 셰익스피어 극의 진짜 작가였다고 공개적으로 강의하기도 했다.

갖은 방해와 고통에도 불구하고 칸토르는 수학자들과 국내외로 연락하는 데 성공했다. 칸토르는 1890년에 '독일수학자협회'를 설립하는 것을 도왔고, 1893년까지 초대 회장으로 일했다. 그는 1897년에 스위스서 있었던 수학자들의 최초의 국제적 학술대회에서 중요한 역할을 했다. 칸토르는 수학자들이 다른 기관과 국가 출신의 학자들과 활발하게 교류하도록 많은 노력을 기울였다.

1890년대에 칸토르는 성장하는 집합론 분야에 몇 가지 추가되어야 할 근본적인 아이디어를 제공했다. 〈독일 수학자협회의 매년 보고〉에 발표된 그의 1891년 논문 '다양체의 연구에서 원소

문제에 관하여'에서 칸토르는 실수가 가산적인 집합이 아니라는 그의 대각선 증명을 보였고 중요한 부분집합 정리를 증명했다. 어떤 집합 S 에 대하여 칸토르는 S의 모든 부분집합의 모임인 S의 멱집합을 $P(S)$ 로 표시했다. 멱집합은 주어진 집합의 모든 부분집합의 집합으로 집 합 S의 멱집합을 $P(S)$로 나타내면, 이때 S의 부분집합으로서 S 자신 과 공집합도 포함한다. 예를 들어, 집합 $S = \{0, 1, 2\}$ 라 하면 S의 멱 집합 $P(S)$는 $P(S) = \{\{0, 1, 2\}, \{0, 1\}, \{0, 2\}, \{1, 2\}, \{0\}, \{1\}, \{2\}, \phi\}$ 가 된다. S가 n개의 원소로 이루어진 유한집합이면 S의 멱집합 $P(S)$는 $2n$개의 원소를 가진다.

부분집합 정리에서 칸토르는 어떤 무한집합 S에 대하여 그것의 멱집 합 P(S)는 S보다 더 큰 기수를 가졌다는 것을 보였다. 농도라고도 불리 는 기수는 두 집합이 일대일대응할 때 대응되는 원소의 수를 말하는 것 으로 유한집합이나 무한집합에 관계없이 두 집합이 일대일대응이면 같 은 기수를 갖는다. 예를 들어 $|\phi| = 0$, 즉 공집합은 기수가 0이고, 집 합 $\{0, 1, 2, 3, 4\}$ 의 기수는 5이다. 칸토르는 적어도 두 개의 다른 무한 크기가 있다고 이전에 그가 증명했던 연속체 기수에 관한 초기 정리를 일반화하면서, 부분집합 정리는 그가 초한수라고 불렀던 무한히 많은 기수들이 있다는 사실을 설립한 칸토르 정리로 또한 알려졌다.

칸토르의 마지막 수학 논문 '초한집합 연구의 기초에 대한 기여'는 1895년과 1897년 〈수학 연보〉에서 두 편으로 나뉘어 발표되었다. 필 립 주르뎅이 이 논문들을 영어로 번역한 것은 1915년에 책으로 출판되 었다. 이 논문에서 칸토르는 무한한 양을 더하고 곱하는 방법을 보이면서 초한수를 가지고 산술하는 것에 대하여 규칙을 개발했다. 또한 칸토르는 두 개의 무한집합 A, B에 대하여 A가 B의 한 부분집합으로 같은 기수를 가지고 B가 A의 부분집합으로 같은 기수를 가진다면, A와 B가 같은 기수를 가져야만 한다는 원리를 증명 없이 소개했다. 1896년 펠릭스 베른슈타인과 1898년 에른스트 슈뢰더는 독립적으로 이 원리의 증명을 개발했고, 이것은 지금 칸토르-슈뢰더-베른슈타인 동치 정리로 알려졌다. 초한수에 관한 새로운 생각을 소개하는 데 더하여, 칸토르의 포괄적인 논문은 집합론의 발달에 관한 그의 20년 연구의 완성된 요약을 보였다.

이 논문을 쓰는 동안, 칸토르는 그가 모순이나 역설이라 부른 표면적으로 모순된 몇 가지 결과를 발견했다. 1896년 힐베르트에게 보낸 편지에서 칸토르는 모든 집합의 집합에 대한 모순으로 괴로워했다. 모든 집합의 집합은 가능한 집합 중 가장 큰 집합이기 때문에 이 집합의 기수가 어떤 집합의 기수보다도 가장 크다고 말할 수 있다. 하지만 칸토르가 이미 증명했던 내용에 따르자면 모든 집합의 집합도 그것의 멱집합이 더욱 큰 기수를 갖게 된다. 그들은 이 문제의 명백한 모순을 해결할 수 없었다. 후에 수학 논리학자들은 모든 집합의 집합 존재성을 배제하도록 집합론의 규칙을 재정의하는 것으로 그 논쟁점을 해결했다.

칸토르는 마지막 20년 동안 논쟁이 되는 집합론과 다른 독일 수학자들의 비평에 대항하여 그의 증명 방법이 타당하다는 것을 증명했다. 칸토르의 외국인 동료들은 그의 연구에 감탄했다. 그는 영국의 런던수학협회와 러시아의 카르코프수학협회의 명예 회원이 되었다. 칸토르는 노르웨이의 크리스티아니아 대학과 스코틀랜드의 성 앤드류 학교로부터 명예 학위를 받았다. 그러나 그의 정신과 육체는 점차 악화되어 전보다 자주 병원에 입원해야 했다. 1918년 1월 6일 그는 할레 대학의 정신병원 진료소에서 생을 마쳤다.

영원히 남겨질 무한 개념

칸토르의 사망 후 그의 무한집합에 대한 발상은 모든 수학자들에게 강한 지지를 받았다. 생전에 직관을 뛰어넘는 이론을 이해하지 못한 수학자들로부터 많은 비판을 받고 고통스러워했지만, 결국 그의 집합에 대한 생각은 수학의 모든 분야의 기초를 이루는 통합적인 개념이 되었으며, 새로운 수학 분야인 위상, 측정론, 집합론의 발달을 이끌었다.

1900년 파리에서 개최된 제2회 국제 수학자 학술대회에서 힐베르트는 20세기 수학 발달의 중심이 되는 23개 문제의 첫 번째로 칸토르 연속체 가설을 제시했다. 연속체 가설, 정렬성 원리, 기수의 삼분법, 모든 집합의 집합에 대한 후배 수학자들의 계속된 연구는 엄밀한 집합론의 설립에 중요한 역할을 했다. 기하학자들은 현대 수학 분야인 **프랙탈** 이론에서 칸토르 집합의 이차원, 삼차원적인 일반화를 보여주는 시어핀스키 양탄자와 멘저 스폰지 같은 프랙탈 이미지를 구성했다. 수학적 논리학자들과 정수론자들은 칸토르의 대각선 방법을 사용한 증명을 계속해서 따르고 있다.

프랙탈 언제나 부분이 전체를 닮는 자기 유사성(self-similarity)과 소수(小數)차원을 특징으로 갖는 형상을 일컫는다.

소냐 코발레프스키

Senja Kovalevsky
(1850~1891)

소냐 코발레프스키는 수학에서 박사학위를 받은 첫 번째 여성으로
편미분방정식의 기본 원리를 발견했고,
회전체에 대한 분석으로 국제 수학 대회에서 최고상을 받았다.

– 미국의회도서관

아는 것을 말하라. 반드시 해야 하는 것을 행하라.
가능성 있는 것을 성취하라.

– 소냐 코발레프스키

최초라는 수식어

현대 이전의 많은 여성 수학자들은 사회적 관습 때문에 당시에는 인정받지 못했다. 러시아 출신 수학자 코발레프스키는 이러한 장벽을 깨고 대학교에서 수학 박사학위를 받으며 대학 교수로 임명된 최초의 여성이다. 코발레프스키는 첫 번째 연구 논문에서 편미분방정식의 기본적인 원리 중 하나를 발견했고, 코발레프스키 상부[top]라 불리는 비대칭 대상물의 회전에 관한 분석으로 국제적인 수학 대회에서 상을 탔다. 그녀는 또한 타원적분의 특징을 발견하고, 토성의 고리를 수학적으로 찾아냈으며, 빛이 수정을 통과할 때 구부러지는 현상을 발견했다.

코발레프스키의 이름은 그녀의 출생지가 러시아였기 때문에 유럽에서도 이름의 철자가 다양하게 번역되었고, 여러 곳에서 다르게 보고되었다. 그녀의 이름은 Sonya, Sonia, Sophia, Sofia, 그리고 Sofya로 알려졌고, 그녀의 성도 Kovalevsky, Kovalevskaya, 또는 Kovalevskaia로 표기되었다.

벽지에 쓰여진 수학 공식

소냐 바실레브나 크루코프스키^{Vasilevna Krukovsky}는 러시아 모스크바에서 1850년 1월 15일에 태어났다. 그녀의 부모님은 러시아 상류층이었으며 교육을 많이 받은 사람들이었다. 그녀의 아버지는 러시아 군대에서 군인들을 이끄는 포병대 장교였고, 수입이 넉넉해서 크루코프스키 가족은 편안한 생활을 누릴 수 있었다. 그녀의 어머니는 부유한 집안 출신의 교육받은 여성으로 외할아버지는 군대에서 지도를 만드는 사단을 담당하고 있는 수학자였고, 외증조할아버지는 수학자이자 유명한 천문학자였다.

소냐는 어린 시절 수학자가 되기에 적합한 성격의 아이로 자라났다. 그녀는 3남매 중 둘째로 태어나 언니와 남동생 사이에서 부모님의 애정과 관심을 받기 위해 경쟁했고, 점차 독립적으로 성취감을 얻고 싶어했다. 또한 소냐의 가정교사와 보모가 엄하게 그녀를 대하면서 가혹하게 훈련했기 때문에 그녀는 완벽주의자가 되었다. 팔리비노 마을에 있던 가족의 전원 주택에는 같이 놀 친구가 거의 없었기 때문에 소냐는 혼자서 상상력을 발휘하며 시간을 보내는 일이 많았다. 이렇게 어린 시절에 집중력과 완벽주의 그리고 뛰어난 상상력이 발달한 것은 후에 그녀가 수학을 연구할 때 많은 도움이 되었다.

어릴 때부터 십대에 걸쳐 일어난 몇 가지 사건은 수학에 대한 소냐의 관심을 점차 커지게 했다. 첫 번째 사건은 우연히 일어났다. 소냐의 부모님께서 가족들이 살고 있는 집을 고치려고 일꾼들을 불렀을 때, 일꾼들은 소냐의 방을 다 덮을 수 있을 만큼 충분한 벽지를 갖고 있지 않았다. 그래서 일꾼들은 벽지 대신 집안에 보이는 책을 이용하여 도배하기 시작했다. 그때 벽지 대신 사용된 종이들은 소냐의 아버지가 학생 시절에 미적분학 강의를 기록한 노트의 일부분이었다. 호기심 많은 소냐는 도배가 끝난 후부터 벽에 있는 이상한 단어들과 기호들을 이해하려고 노력했고, 순서가 맞지 않게 붙여진 노트 내용을 원래 순서대로 맞추려고 시도하면서 시간을 보내게 되었다. 그러는 동안 소냐는 벽에 쓰여진 내용의 수학적인 의미를 이해하지 못하면서도 자신도 모르게 많은 식과 기호들을 암기하게 되었다.

소냐가 수학에 관심을 갖게 된 또 다른 계기는 수학을 좋아하고 열정을 갖고 있던 삼촌과의 교류에서 비롯됐다. 그녀의 삼촌은 수학에 많은 관심이 있었고, 자신이 공부한 것을 토대로 조카에게 같은 넓이를 갖는 사각형과 원을 작도하는 문제나 직선에 닿지 않으나 직선에 접근하는 곡선의 개념과 같이 신기하고 흥미로운 수학적인 발상들을 소개했다. 삼촌의 수학에 대한 열정과 애정은 어린 소냐를 자극했고 흥미를 끌었다.

크루코프스키 부부는 아이들의 교육 문제에 관심이 많았다. 그들은 세 아이들이 다양한 주제와 관련된 지식을 배울 수 있도록 가정교사를 고용했다. 소냐는 역사, 문학, 외국어를 배우는 것도 좋아했지만, 주로 수학 공부에 집중했다. 소냐의 아버지는 그녀가 수학에 비해 다른 과목을 소홀히 하는 것을 알게 되었고, 가정교사에게 수학 수업을 그만 해 달라고 부탁했다. 소냐는 수학을 공부하지 못하게 되자 반항심이 들어 아버지 몰래 대수 책을 빌려서 가족들이 모두 잠든 밤에 몰래 공부했다.

크루코프스키 가족의 이웃집에는 과학 교수인 티르토프 박사가 살고 있었다. 그는 자신이 쓴 물리학 교과서 한 권을 소냐 가족에게 주었는데, 소냐는 그 책을 흥미롭게 읽었다. 그녀는 가정교사에게 어떤 삼각법도 배우지 않았지만, 한 원 위의 점들 사이의 거리의 비로 사인^{sine} · 코사인^{cosine} 함수의 의미를 적절히 재현했다. 티르토프 교수는 소냐의 비범한 능력과 관심을 알게 되면서 수학을 더 배울 수 있도록 그녀의 아버지를 설득했다.

소냐가 15살이 되었을 때, 아버지는 내키지 않았지만 소냐가 수학 분야의 존경받는 교수인 알렉산더 스트라노리우브스키$^{\text{Alexander Strannoliubsky}}$의 미적분학 강의를 들을 수 있도록 상트페테르부르크 해군 학교에 방문하는 것을 허락했다. 알렉산더 교수는 소냐의 빠른 이해력에 놀라면서 그녀가 이전에 미적분학을 공부했었는지 물어보았다. 소냐는 자신의 방에 벽지로 붙어 있는 미적분학 공식을 이미 암기한 상태였다. 그녀는 단지 그 공식이 무엇을 의미하는지 설명해 주는 것이 필요했다고 대답했다.

유학을 가기 위한 결혼

소냐와 그녀의 언니는 두 가지 꿈을 갖고 있었다. 하나는 대학에서 공부하는 것이었고, 다른 하나는 유럽으로 여행을 가는 것이었다. 그러나 1860년대 러시아의 대학교는 여학생의 입학을 허락하지 않았고, 러시아 여성들은 남편이나 남자의 가족과 동반해야만 외국으로 여행할 수 있었다. 공부와 여행을 동시에 하려고 결심한 두 자매는 결국 유학을 위한 결혼을 하기로 계획했다. 소냐는 모스크바 대학생이자 소냐의 계획에 동의하는 이상주의 혁명론자 블라드미르 코발레프스키와 결혼하기로 했다. 소냐는 갑작스런 결혼이지만 아버지에게 축복을 받기 위해 연회가 열리는 동안 부모님에게 자초지종을 알리는 짧은 편지를 보냈다. 소냐의 부모님이 편지를 받았을 때는 이미 축하연 손님들에게 소냐가 약혼을 발표한 상태였다. 그녀의 아버지는 부모의 뜻을 따르지 않고 자식들 마음대로 결혼을 결정한 것이 알려져 공개적으로 창피당하지 않게 결혼에 동의하기로 했다. 1868년 9월에 18살이었던 소냐 크루코프스키는 26살의 블라드미르 코발레프스키와 결혼했다.

1869년 봄, 대학 교육을 받기 위해 소냐의 언니는 프랑스 파리로, 남편이 된 블라드미르는 오스트리아 비엔나로, 소냐는 독일 하이델베르크로 떠났다. 독일에서 가장 역사가 깊고 인정받는 대학인 하이델베르크 대학에서도 여전히 여성들은 정식으로 등록할 수 없었다. 하지만 코발레프스키는 몇몇 교수로부터 청강 허가를 받고 수업에 참석했다. 수학 교수 레오 퀘니히스베르크는 비공식적으로 그녀를 1년 반 동안 지도했다. 그는 소냐에게 특별한 수학적 자질이 있다는 것을 깨닫고, 그녀가 베를린대학에서 그의 전 교수이며 연구 지도자인 칼 바이어슈트라스와 함께 연구할 수 있도록 추천해 주었다.

1870년 8월 코발레프스키는 바이어슈트라스를 만나기 위해 퀘니히스베르크 교수가 써 준 추천서를 가지고 베를린에 도착했다. 소냐를 만난 바이어슈트라스는 소냐의 능력을 평가하기 위하여 어려운 수학 문제들을 주었고, 그녀는 과제를 받은 지 일주일 만에 문제를 모두 해결해 보였다. 바이어슈트라스는 그녀의 영리하고 슬기로운 해답에 감명받아 함께 연구하고 싶어했다. 그러나 베를린 대학에서도 여학생이 공식적으로 수업을 들을 수 없었다. 바이어슈트라스는 해석학의 아버지로 불리며 유럽을 이끄는 수학자 중 한 명이었지만, 코발레프스키에게 대학을 다닐 수 있는 기회를 만들어 주지는 못했다. 그는 결국 개인적으로 그녀를 지도하기로 했다.

미분방정식에서 이룬 중요한 발견

4년 동안 코발레프스키는 바이어슈트라스의 강의 기록을 읽으며 그녀가 이해하지 못했던 항목들을 정확하게 배웠다. 그녀는 출판되지 않은 것을 포함한 바이어슈트라스의 논문들을 모두 읽고, 기하와 함수적 해석학의 최근 정리들을 그와 논의했다. 바이어슈트라스의 지도 아래 그녀는 몇 가지 연구 프로젝트를 수행했고, 이 결과를 세 개의 중요한 논문으로 정리했다.

코발레프스키의 첫 번째 연구 논문은 〈편미분방정식의 정리에 대하여〉라는 제목이었다. 미분방정식이란 회사가 생산품의 가격을 올리는 것에 따라 이익이 변화하는 비율이나 호수 안에 살고 있는 물고기의 수가 수온에 따라 증가하거나 감소되는 비율과 같이 한 양의 변화에 따른 다른 양의 변화를 비교하는 비율을 수학적으로 나타내는 것이다. 바이어슈트라스는 한 변수를 포함하는 상황의 변화 비율에 대하여 몇 가지 연구를 이전에 발표했었고, 프랑스 수학자 오귀스탱 루이 코시는 많은 변수를 포함하는 상황으로 이 연구를 확장했다. 코발레프스키는 편미분방정식이 한 해를 갖는 조건을 식별하고, 그 해가 유일한 해가 되는 때가 언제인지 결정하는 것으로 프로젝트를 완성했다.

해의 존재성과 유일성에 관한 코발레프스키의 논문은 미분방정식 분야에 주요한 공헌을 했고, 1875년 독일의 유력한 수학 잡지인 〈순수 응용 수학 저널〉에 실렸다. 그 연구는 곧바로 다른 수학 연구자들로부터 호평을 받았다. 에르미트는 코발레프스키의 논문을 미분방정식에 관한 모든 미래 연구의 출발점이라고 불렀고, 앙리 푸앵카레는 그 논문을 코시의 증명 방법을 넘어선 중요한 진보로 여겼다. 이 결과는 현재 코시-코발레프스키 정리로 불리며 편미분방정식 이론에서 기본적인 원리로 여겨진다.

코발레프스키의 두 번째 연구 논문은 '세 번째 범위의 아벨적분 정집합에 관한 축소에 대하여'라는 제목이었다. 이 논문은 고도의 적분 영역에서 바이어슈트라스의 결과 중 하나를 확장했고, 어려운 문제를 풀기 쉽도록 아벨적분이라 불리는 식의 형태를 단순한 타원적분으로 전환하는 방법을 보였다. 이 논문은 결국 1884년 〈수학적 활동〉에 발표되었다. 그녀의 세 번째 논문은 '토성환의 형태에 대한 라플라스의 연구에 관한 보충 연구와 관찰'이었다. 프랑스 수학자 피에르 시몽 라플라스는 태양과 행성의 형태에 대한 혁명적인 이론을 제안했었다. 이 연구에 발맞추어 코발레프스키는 목성의 적도 주위에 궤도를 그리며 돌고 있는 두꺼운 얼음과 바위 고리의 몇 가지 특징을 수학적으로 설명했다. 그녀는 고리가 한 원이나 한 타원이 아니라 달걀 모양에 가깝고

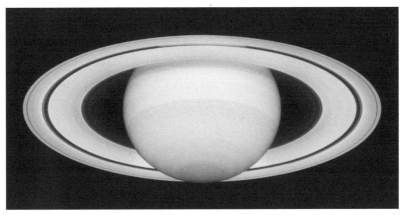

멱급수 방법을 이용하여 코발레프스키는 목성의 고리가 원이나 타원이 아니라 달걀 모양이며 계속해서 모양이 변화한다는 것을 수학적으로 입증했다.

그 모양이 연속적으로 변화하고 있다는 것을 증명했다. 이 연구에서 그녀는 멱급수로 알려진 수학적 대상을 사용하는 혁신적인 방법을 도입했다. 이 접근을 수용하면서, 푸앵카레와 다른 수학자들은 또 다른 문제에 코발레프스키의 멱급수 방법을 적용했다. 코발레프스키가 쓴 처음 두 개의 논문은 좀 더 수학의 추상적인 분야들을 다루는 것이었고, 이 세 번째 연구 논문은 응용수학과 과학에서 문제를 해결하는 코발레프스키의 능력을 보여주는 것이었다. 이 논문은 결국 1885년 〈천문학 뉴스〉라는 잡지에 발표되었다.

4년 동안 이루어진 연구 과정을 보면서 바이어슈트라스는 코발레프스키의 연구 내용이 수학 박사학위를 받기에 충분하다고 느꼈다. 그러나 코발레프스키가 베를린 대학 학생으로 정식으로 등록되어 있지 않았기 때문에 대학 관리들은 그녀에게 학위를 수여하는 것을 거절했다. 바이어슈트라스는 그녀의 연구를 재고하고 논문이 우수하다고 평가했던 괴팅겐 대학의 가까운 동료들과 의견을 주고받았다. 마침내 1874년 8월, 괴팅겐 대학이 소냐 코발레프스키에게 박사학위를 수여하였고, 그녀는 근대 유럽에서 수학 박사학위를 받은 최초의 여성이 되었다.

수학 교수가 되기까지

코발레프스카야의 미분방정식 연구의 우수성과 여성으로서 수학 박사학위를 받았다는 놀라운 사실은 널리 알려졌다. 그러나 여전히 유럽 대학들은 코발레프스키에게 대학 교수 자리를 주지 않았다. 코발레프스키는 미국의 고등학교와 동등한 교육기관인 러시아 김나지움의 수학 교사직을 지원할 때도 차별에 부딪혔다. 오스트리아에 있는 제나 대학에서 화석 연구로 고생물학 박사학위를 받았던 그녀의 남편 블라드미르도 교수직을 얻을 수 없었다. 실망하고 낙담한 부부는 가족과 지내기 위해 러시아로 돌아갔다.

러시아에 돌아온 직후 4년 동안 코발레프스키는 수학과 관련 없는 일을 하며 지냈다. 소냐의 아버지가 1875년에 사망한 후, 코발레프스키 부부는 상트페테르부르크로 이주했다. 그들은 그곳에서 출판, 부동산, 기름과 관련한 모험적인 사업을 비롯하여 다양한 일들을 시도하며 활동적으로 삶을 꾸렸다. 그녀는 남편이 운영하는 신문사인 뉴타임즈에 대중 과학을 주제로 쓴 기사 네 꼭지와 연극 연출에 대한 많은 평론을 발표했다. 소냐는 시와 《대학 강사》란 제목의 소설, 여성의 권리에 대한 많은 기사를 쓰기도 했다. 또한 자선단체 모금활동위원회 회원으로 일하며 상트페테르부르크에 여성을 위한 단과대학 고등교육 과정을 수립하는 것을 도왔다. 하지만 그녀는 여전히 교수가 될 수 없었다. 1878년 10월 17일 그녀는 외동딸을 낳았다.

딸이 태어난 후, 그녀는 관심을 수학으로 되돌렸다. 그녀는 자신이 쓴 아벨적분에 대한 논문을 러시아어로 번역했고, 1879년 상트페테르부르크에서 개최된 제6회 자연주의자와 내과의사 학술 대회에서 러시아 수학·과학 협회에 자신의 논문을 소개했다. 그 연구는 6년 전에 나온 것이었지만, 협회 수학자들은 논문을 칭찬했고 코발레프스키에게 수학 연구를 계속하도록 용기를 북돋았다. 코발레프스키는 모스크바 수학자 모임에 참석했고, 1881년 3월 29일 이 전문 수학자 단체는 그녀를 회원으로 선출했다. 베를린으로 간 코발레프스키는 10년 동안 바이어슈트라스와 함께 빛 파동과 수정에 관한 전도^{transmit} 연구를 하며 보냈다. 독일에서 프랑스 파리로 옮겨 간 후, 그녀는 곧바로 프랑스 수학자 공동체에서 활동하며 1882년 7월에 파리 수학학회 공식 회원으로 선출되었다. 그녀는 활발한 연구 활동을 벌이며 학자로서 행복한 시간을 보냈다. 그러던 중 안타깝게도 1883년 4월에 그녀의 남편 블라드미르가 갑작스런 자살로 사망하여 코발레프스키는 깊은 충격을 받았다. 다행히 그녀는 곧 슬픔을 가라앉히고 연구에 더 열심히 매달렸다. 그녀는 수정 같은 매개물을 통과하는 빛의 파동 굴절에 대한 주제로 연구를 계속했고, 1883년 8월에 러시아 오데사에서 개최된 제7회 자연주의자와 내과의사 학술 대회에서 이 주제에 관한 논문을 발표했다.

1883년 가을에 코발레프스키는 성별에 관계없이 교육받을 수 있는 1879년에 설립된 스웨덴의 진보적인 교육 기관 스톡홀름 대학에서 마침내 교수직을 얻었다. 바이어슈트라스와 함께 연구했던 수학자이며 총장이었던 미타그-레플러는 최초로 여성 수학자를 교수로 영입하고 싶어 했다. 하지만 다른 교수들이 강하게 반대했기 때문에 미타그-레플러 총장은 코발레프스키에게 1년간 강의를 하는 조교수 지위를 제안했다. 당시 조교수 자리는 학생들로부터 직접 보수를 받아야 하는 가장 낮은 수준의 자리였다.

과학 잡지 사상 최초의 여성 편집자

비록 조교수 자리였지만 대학교에서 근무를 시작한 후 7년 동안 코발레프스키는 수학계 변두리에 있던 초라한 학자에서 활동적이며 존경받는 유럽 수학 공동체의 일원이 되었다. 수백 명의 교수들과 학생들이 코발레프스키의 첫 미분방정식 강의에 참석해서 수업을 들었고, 연구 내용의 우수성을 인정하며 결론 부분에 박수를 쳤다. 그녀는 강의에 충실하기 위해 스웨덴어를 열심히 배웠고, 6개월 만에 강의를 소화할 수 있을 만큼 풍부한 스웨덴어를 구사하게 되었다. 코발레프카야의 계약 기간인 1년이 끝나갈 무렵 미타그-레플러는 100년 이상 된 유럽 대학에서 그녀가 최초의 여성 정교수가 되도록 하기 위해 코발레프스키를 특별 채용하거나 조교수로 5년 동안 고용하기에 충분한 기금을 마련했다. 그녀의 실력이 널리 알려지면서 저명한 수학 전문 잡지 〈수학 동향 *Acta Mathematica*〉 편집국은 코발레프스키를 편집자로 임명하였고, 그녀는 대학 교수에 이어 주요한 과학 잡지의 최초의 여성 편집자가 되었다. 편집자로서 그녀는 여러 나라의 수학자들이 제출한 연구 논문을 읽었고, 유럽 전체에 걸쳐 협회가 조직되는 것을 도왔다.

코발레프스키는 빛 파동 연구를 계속했고, 그 연구 결과를 수학 잡지 세 군데를 통해 발표했다. 1884년 프랑스의 유명한 과학 잡지 〈과학아카데미의 설명에 관한 주 번역〉은 그녀의 연구를 간략히 요약한 논문인 〈수정 같은 매개체 안에 빛의 전달에 관하여〉를 출판했다. 유사한 요약 논문 '수정 같은 매개체 안에서 빛의 굴절에 관하여'는 1884년 스웨덴 잡지《학회 업적의 개요》에서 출판되었다. 다음 해 독일 잡지 〈수학 동향〉은 그녀의 55쪽 연구 논문 전체를 '수정 매개체 안에 빛의 굴절에 관하여'라는 제목으로 발표했다.

완벽한 회전 문제 연구

1888년 코발레프스키는 프랑스 과학아카데미에서 제안한 보르뎅 상 경쟁에 들어갔다. 이 경쟁은 경쟁자들이 고정점 주변에 있는 고체 대상물의 회전에 대하여 연구할 것을 요구했다. 코발레프스키는 이 주제에 관심이 있었기 때문에 1884년 이후부터 이미 활발히 연구하고 있었다. 고정점을 중심으로 회전하는 고체 대상물의 운동 유형을 보여주는 몇 가지 예로는 팽이, 회전의, 시계의 진자가 있다. 오일러, 라그랑제, 푸아송, 야코비 등 많은 유명한 수학자들이 100년 동안 이 문제를 연구했고, 회전의 두 가지 가능한 유형을 발견한 상태였다. 코발레프스키는 이두 가지 유형 외에 대칭적이지 않은 물체는 세 번째 방법으로 돌 수 있다는 것을 발견했고, 그녀가 조사했던 이 불규칙한 모양의 급회전 물체는 코발레프스키 상부[top]로 알려지게 되었다. 코발레프스키가 내놓은 논문에는 이 어려운 문제가 너무나 완벽하게 해결되어 있었다. 그녀는 보르뎅 상 경쟁에서 가볍게 승자가 되었다. 심사원들은 그녀의 결과물이 수학적 물리학에 비상한 공헌을 했다고 평가하며 상금을 3,000프랑에서 5,000프랑으로 올리는 것을 고려했다. 1888년 크리스마스 이브에 그녀는 프랑스에서 가장 유명한 수학자와 과학자들이 모인 곳에서 보르뎅 상을 수상했다. 그녀는 프랑스 과학아카데미에서 중요한 상을 수상한 두 번째 여성이 되었다.

〈수학 동향〉은 코발레프스키의 해답이 담긴 논문 '고정점에 대한 고체의 회전 문제에 대하여'를 1889년에 출판했다. 그녀는 계속해서 이 문제를 연구하여 두 개의 부가적인 연구 논문을 발표했다. '고정점에 대한 고체의 회전을 정의하는 미분방정식 체계의 특징에 대하여'는 1890년 〈수학 동향〉에서 출판되었고, '적분이 시간의 초타원함수의 사용으로 이루어지는 고정점에 대한 무거운 물체의 회전 문제에 관한 특

별한 경우에 대한 보고서'는 62쪽의 주요 기사로 〈프랑스 국내 협회의 과학아카데미에 다양한 학자들에 의해 제출된 보고서〉의 1894년 편집본에서 발표되었다.

코발레프스키의 회전 문제에 관한 연구는 수학적 물리학 분야의 연구에 중요한 영향을 미쳤다. 많은 유럽 수학자들이 그녀의 일반적인 문제에 대한 단순하고 정확하면서도 완벽한 분석을 칭찬했고, 복소 해석, 아벨함수, 초타원적분을 능숙하게 다룬 것을 높이 평가했다. 러시아 수학자 주코브스키는 그녀의 뛰어난 분석이 모든 대학 수준의 해석적 역학 교육 과정의 표준 구성 요소로 포함되어야 한다고 추천했고, 100년이 지난 후에도 수학적 물리학자들은 계속 그녀가 사용했던 점근선 방법을 사용하고 있다. 회전 문제에 대한 코발레프스키의 분석은 너무나 완전해서 오늘날까지 회전 문제는 계속해서 연구되는데도 새로운 경우가 발견되지 않고 있다.

보르뎅 상은 유럽의 수학 공동체가 코발레프스키에게 그녀의 회전 문제 연구를 인정하고 수여한 많은 명예 중 하나였다. 1889년 스톡홀름 과학아카데미는 그녀에게 1,500크로네의 상금을 수여했고, 같은 해 프랑스 교육부는 프랑스 내 수학 공동체에서의 그녀의 업적을 인정하며 그녀에게 '대중 교육의 대표자'라는 명예로운 칭호를 내렸다. 1889년 6월 스톡홀름 대학은 그녀를 종신 재직하는 교수직에 임명하며 대학 교수단의 영구적인 일원으로 만들었다. 이탈리아 르네상스 이래로 유럽 대학에서 종신 재직을 약속받은 다른 여성은 단 한 명도 없었다. 1889년 12월, 그녀는 러시아의 과학아카데미의 준회원이 된 최초의 여성이 되었다. 코발레프스키는 러시아 사회에서 다른 변화의 조짐들이 일어나기를 바랐다. 그러나 여전히 그녀는 아카데미 모임에 나갈 수 없었고, 러시아 대학은 그녀에게 교수직을 제안하지 않았다.

문학을 사랑한 수학자

코발레프스카야는 수학자인 동시에 문학과 공연 예술에도 깊은 조예를 지니고 있었다. 어린 시절 그녀는 러시아 소설가인 도스토예프스키와 친구가 되었고, 그 이후로 그녀는 많은 유럽 작가들과 우정을 쌓으며 사회적 저항을 다루는 소설과 희곡을 썼다. 그녀의 짧은 소설 '허무주의 소녀'는 1870년대 사회적 혁명이 일어나는 동안의 러시아인의 삶을 묘사했다. 러시아에서의 유년 시절을 묘사한 자서전 《어린 시절의 회고록》은 러시아어, 스웨덴어, 덴마크어로 출판되었다. 이 자서전을 소설화한 '러시아 생활로부터 : 자매 라예프스키'는 1890년 러시아 잡지 〈유럽 전달자*Vestnik Evropy*〉에서 두 개 판으로 발표되었다. 코발레프스키가 쓴 소설은 그 시대의 최고 러시아 문학에 비교되면서 문학 비평가들로부터 열광적인 논평을 받았다. 스웨덴에 있는 동안 코발레프스키는 미타그−레플러의 누이인 안나 카를로타 레플러와 함께 '행복에 관한 투쟁 : 그것이 어떠했는가와 그것이 어떻게 그렇게 되었을지도'란 희곡을 공동 집필했고, 이 작품은 1890년 스웨덴과 러시아에서 공연되었다.

코발레프스키는 물리학자 하인리치 브런스가 초기에 증명했던 퍼텐셜이론을 토대로 정리에 대한 간략한 증명을 발견하며 1890년에 수학계에 마지막으로 공헌했다. 이 마지막 연구는 '미스터 브런스의 정리에 대하여'라는 짧은 논문으로 1891년 〈수학 동향〉에 실렸다.

프랑스 리비에라에서 휴가를 보내고 스웨덴으로 돌아오는 동안, 코발레프스키는 겨울 폭풍을 만나게 되었고, 악천후로 인해 심각한 폐렴과 유행성 감기를 앓게 되었다. 결국 6일 후인 1891년 2월 10일에 코발레프스키는 41세의 나이로 죽었고 귀화한 나라인 스웨덴에 묻혔다.

두 가지 큰 업적

소냐 코발레프스키는 수학 연구에 두 개의 주요한 공헌을 했다. 코시−코발레프스키 정리는 편미분방정식 분야에 기초가 되는 결과였고, 회전 문제와 코발레프스키 상부에 관한 그녀의 연구는 지금까지도 이 주제에서 가장 앞선 연구라는 평가를 받고 있다. 학생, 교수, 편집자, 연구자로서의 많은 업적을 통하여 코발레프스키는 남성 우위의 수학 공동체에서 여성도 남성 못지 않게 수학을 잘 이해할 수 있고 큰 공헌을 할 수 있다는 사실을 입증했다.

그녀가 죽은 후 코발레프스키가 설립을 도왔던 상트페테르부르크의 여성을 위한 단과대학 고등교육 과정은 그녀의 이름을 딴 장학 기금을 모았고, 그녀를 기념하기 위해 러시아 우체국은 코발레프스키 초상화 우표를 발행했다. 오늘날 그녀를 기리는 감사의 표시로 수학여성협회는 1985년 이래 매년 소냐 코발레프스키 수학의 날을 개최하고 있고, 그 기간 동안 여고생들은 연수회와 강연에 참석하고, 수학 대회를 치른다.

넓고 깊은 모든 수학의 만능인

앙리 푸앵카레

Henri Poincare
(1854~1912)

우리는 논리를 통해서 증명하고,
직관을 통해서 발명한다.

– 푸앵카레

모든 수학 분야에 능통한 마지막 학자

수학이 발달하면서 세분화되었고, 점차 대부분의 수학자들은 특수한 분야를 전공으로 삼아 전문적으로 그 분야만을 다루는 시대가 되었다. 그중 앙리 푸앵카레는 수학 전 분야에 능통한 마지막 학자로 묘사되고 있다. 그는 천체역학, 유체역학, 상대성 이론뿐만 아니라 해석학, 위상 수학, 대수적 기하, 정수론을 포함하여 많은 수학과 물리학 분야에 영향력 있는 공헌을 한 만능인이었다. 그는 시력이 좋지 않았으나 뛰어난 기억력과 계산력을 발휘해 많은 연구를 하였고, 한 분야에 대한 오랜 연구에 몰두하기 보다는 새로운 분야를 함께 연구하기를 좋아했다. 동시대에 살았던 사람들 중에 그를 '식민지의 개척자가 아닌 정복자'라고 묘사한 사람도 있었다. 푸앵카레는 복소해석학에서 **보형함수** 개념을 발달시켰고, 몇 가지 복소변수의 해석함수이론을 소개했다. 그의 표면에 관한 기본군 아이디어는 대수적 위상의 설립을 이끌었다. 구의 위상적 특징에 대한 푸앵카레 추측이 나온 이래로 그 추측을 증명하려는 수학자들의 시도가 한 세기에 걸쳐 이루어졌으며, 그 과정에서 수많은 수학적 결과물들이 나왔다.

푸앵카레는 수학적 물리학에서 삼체 문제에 관한 연구로 국제적인 수학 대회에서 최고의 상을 탔고, 새로운 수학 분야인 카오스이론을 수립했다. 그는 많은 사람들에게 읽혀진 천체 역학에 대한 책을 썼고, 특수 상대성 이론에 관한 기초적 명제 두 가지를 만들기도 했다. 그는 다양한 분야에 걸쳐 넓고 깊은 학식을 지니고 있었기 때문에 그는 프랑스 과학아카데미의 5개 부문에서 모두 회원으로 이름을 올리며 독보적인 학자가 되었다.

복소수 실수와 허수의 합으로 이루어지는 수. 제곱을 했을 때 -1이 나오는 값이 수의 하나가 되어 허수라는 개념이 만들어졌다.

보형함수 푸앵카레에 의해 체계적으로 연구된 개념으로 삼각함수나 타원함수 등을 일반화한 형태의 함수. 복소변수 z의 함수 $f(z)$가 정의구역에서 극점(pole) 외의 모든 점에서 해석적(analytic)이고 선형유리변환 $z' = \dfrac{az+b}{cz+d}$으로 이루어진 어떤 가부번(denumerable) 무한군에 의하여 불변일 때, $f(z)$를 보형함수라고 한다. 미분방정식에서 중요한 역할을 한다.

육체적 한계를 극복한 노력

쥘-앙리 푸앵카레는 1854년 4월 29일 프랑스 동부 로렌 지방의 낭시에서 태어났다. 아버지는 낭시 대학의 내과 의사이자 의학 교수였고, 어머니도 당시 높은 수준의 교육을 받은 여성이었다고 한다. 푸앵카레와 여동생은 학교에 들어가기 전에 어머니에게 읽고 쓰는 것을 배웠고, 어머니의 지도 덕분에 초등학교 시절에 푸앵카레는 작문을 우수하게 할 수 있었다. 그의 친척 중에는 유명한 사람들이 몇 명 있었는데 그중

사촌 레이몽드 푸앵카레는 프랑스 수상을 지냈고, 1차 세계대전 동안 프랑스 공화국의 대통령이 되기도 했다.

푸앵카레는 시력이 나쁘고 체력이 떨어지는 수줍고 허약한 아이였다. 심지어 그는 5살 때 디프테리아를 앓으면서 후두가 마비되어 아홉달 동안 말을 하지 못한 적도 있었다. 그는 후일 그를 기념하기 위해 앙리 푸앵카레 국립고등학교로 이름을 바꾼 당시 국립고등학교에서 1862년에서 1873년까지 초등 과정과 중등 과정을 다녔다. 그는 학교를 다니는 동안 대부분의 과목에서 좋은 성적을 받았고, 특히 작문에 재능을 보였다. 그는 수학에서도 역시 좋은 성적을 유지했고 특히 고등학교 마지막 학년일 때 국내 수학 대회에서 1등을 차지했다.

1873년 푸앵카레는 프랑스 정부가 인재를 양성하기 위해 수학, 과학,

공학 분야의 교육을 제공하는 파리 대학 에콜 폴리테크니크의 입학시험을 보았다. 푸앵카레는 어릴 때부터 근육 운동을 잘 하지 못했기 때문에 손재주가 없어 입학시험의 제도 영역에서 0점을 받았지만, 다른 시험 영역이 월등해 시험관들은 합격 규정에 예외를 만들어 그를 학생으로 뽑았다. 푸앵카레는 어린 시절처럼 육체적 운동, 피아노 연주 등의 예체능 분야를 힘들어 했지만 수학이나 글쓰기, 과학 분야에서는 탁월했다. 푸앵카레는 어느 손으로도 똑같이 글씨를 못 쓰기 때문에 양손잡이라고 불리기도 했고, 그림에 재주가 없어 급우들이 졸업할 때 장난으로 푸앵카레의 작품을 전시하고 작품마다 '이것은 집', '이것은 말' 등의 꼬리표를 달아놓기도 했다. 푸앵카레는 시력도 좋지 않았기 때문에 공부하기 쉽지 않았지만 스스로 다른 능력을 키워 이를 극복했다. 그는 칠판을 읽는 것이 힘들다고 느끼자 강의를 들을 때 노트를 사용하지 않고 듣는 것을 위주로 정보에 몰두하며 개념을 상상했다. 또한 한 번 읽은 후에 정확하게 자료를 기억하는 능력을 발달시켰고, 수정할 필요가 없는 완성된 문장을 쓰는 능력을 키웠다. 그가 수학자 헤르미트의 지도 아래 쓴 첫 번째 논문 〈표면의 정의함수의 특징에 관한 새로운 증명〉는 1874년 〈새로운 수학 연보〉에 출판되었다.

1875년 에콜 폴리테크니크를 졸업한 후, 푸앵카레는 광산 학교에서 계속 연구하며 광업의 과학적이고 상업적인 방법들을 조사했고, 최신 수학 분야를 연구했다. 1879년 그는 채광기사 자격을 취득하며 이학박사 학위를 받았고, 그 후 광산 단체에서 프랑스 북동쪽 브졸 지역 검사자로 일했다. 푸앵카레가 검사자가 된 첫 해에 그가 맡은 일 중 하나는 프랑스 마니Magny에서 18명의 광부가 죽은 사건의 원인을 조사하는 것이었다. 1881년에서 1885년까지 그는 정부의 공공서비스부the Ministry of Public Services에서 북쪽 철도 발달 담당 기사로 일했다. 푸앵카레는 1893년에 광산 단체의 최고 기사의 위치에 올랐고, 1910년에는 감찰관이 되었다. 그는 평생 광산에 관심을 가지고 있었던 것으로 보인다.

그는 광업 기사로서 그 분야의 학위를 받기 위해 연구하면서 수학 박사학위 또한 얻고자 했다. 헤르미트의 지도를 받아 그는 '편미분방정식에 의해 정의되는 **함수**의 특징에 관하여'라는 박사학위 논문을 썼고, 거기서 그는 **도함수**가 특별한 조건을 만족하는 함수의 기하학적 특징을 연구했다. 그의 졸업 논문을 심사했던 수학자들은 푸앵카레가 수학을 해석하는 방식에 긍정적으로 반응하며 주목했다. 이 연구는 그에게 1879년 파리 대학으로부터 수학 박사학위를 받게 했다.

함수 변수 x와 y사이에 x의 값이 정해지면 따라서 y값이 정해진다는 관계가 있을 때, y는 x의 함수라고 한다.
도함수 함수를 미분하여 얻은 함수로 미분계수라고도 한다.

프랑스의 캉 대학에서 수학 강사로 3학년을 가르치면서 2년을 보낸 후에 푸앵카레는 수학적 해석학 교수로 파리 대학 교수진에 합류했다. 그는 그곳에서 31년 동안 재직하며 물리학과 실험역학, 수학적 물리학과 확률학, 천체역학과 천문학의 학과장을 여러 번 지냈다. 1881년 푸앵카레는 파리에서 교수직 임명을 받은 해에 결혼했고, 그 후로 12년 동안 세 명의 딸과 한 명의 아들을 두었다.

푸앵카레는 평생 동안 거의 500개의 연구 논문과 30권의 책을 출판하며 다작하는 저술가였다. 수학 분야 내에서 그의 연구는 편미분방정식, 대수적 기하, 복소함수이론, 대수적 위상수학, 정수론, 대수학, 확률에 공을 쌓았다. 그의 물리학에서의 응용 연구는 천체역학, 수학적 물리학, 상대성, 전자기 이론, 유체역학, 빛 이론에서 아이디어를 발달시켰다. 수학과 물리학의 몇 가지 분야에서 그의 연구는 다른 분야의 연구와 중복되면서 12년 이상 확장되었다. 그는 생전에 오랜 기간 동안 동시에 다섯 개의 프로젝트를 수행했다.

함수 분야에서 이룬 업적

푸앵카레의 초기 연구에서 가장 생산적인 분야 중 하나는 복소함수론이었다. 1881년과 1883년 사이에 그는 14개 논문을 〈푹스함수에 관하여〉라는 제목으로 〈과학아카데미의 보고에 관한 번역〉에 실었다. 이 논문들은 지금은 보형함수라 불리는 $f(z) = \dfrac{az+b}{cz+d}$로 쓰여질 수 있는 함수들 집합을 소개했다. 푸앵카레는 이 함수를 발견하도록 이끌어 준 독일 수학자 라차루스 푹스Lazarus Fuchs의 이름을 따서 푹스Fuchs함수라고 불렀다. 이 보형함수는 각각 함수 $f(z)$가 $f(z) = f(z+k)$를 만족하는 무한히 많은 상수 k를 갖는다는 무한한 주기함수 집합의 첫 예였다. 푸앵카레는 보형함수를 통해 단순주기 삼각함수와 중복주기 타원함수의 충분한 일반화를 제공했다. 그는 보형함수군의 대수적 특징과 보형함수에 대응하는 기본 정의역의 기하적 특징 사이의 관계를 입증했다. 1882년 〈수학 동향〉에 발표된 푸앵카레의 관련 논문 〈푹스함수에 관한 연구논문〉은 보형함수의 모든 주기를 합한 세타-급수로 알려진 무한합의 한 형태를 소개했다. 이 논문은 세타 급수의 수렴, 도함수 사이의 관계, 대응하는 정의역의 기하적 특징을 분석했다. 이후의 논문에서 그는 보형함수와 도함수들의 조합에 의해 세타^{theta} 푹스함수와 제타^{zeta} 푹스함수에 대한 개념을 확장했다. 그의 보형함수에 대한 확장된 연구를 인정받아 푸앵카레는 1887년에 32세의 나이로 과학아카데미에 선출되었다.

1883년 논문 '전해석함수에 관하여'에서 푸앵카레는 복소평면 위의 모든 점에서 미분 가능한 전해석함수의 몇 가지 특징을 입증했다. 그는 전해석함수의 기하적 특징 중 하나인 전해석함수의 종수가 그 함수를 나타내는 무한급수의 계수에 어떻게 연관되는지를 설명했다. 푸앵카레는 전해석함수에 대응하는 표면이 단순한 기하적 표면에 연관되어지는 조건을 지정해 주는 일반적인 균일화 정리를 증명했다.

푸앵카레는 몇 개의 복소변수에 관련된 함수이론의 기초적인 방법을 수립하면서 한 변수 이상을 포함하는 함수에 대한 복소함수 연구로 연구를 확장했다. 1883년에 에밀 피카르드$^{Emile\ Picard}$와 함께 그는 논문 '$2n$ 주기 체계를 수용하는 n 독립변수함수에 관련되는 리만의 정리에 대하여'를 《콩트 랑뒤$^{Comptes\ rendus}$》에서 출판했다. 이 논문에서 그들은 유리형 함수로 알려진 두 변수함수의 특별한 유형이 단지 전해석함수가 또 다른 전해석 함수에 의해 나누어질 때 일어날 수 있다는 것을 증명했다. 몇 개 복소변수 함수에 대한 후속 논문에서 푸앵카레는 다수 조화적함수, 등각사상, 복소함수의 잉여적분 등의 개념을 연구했다. 푸앵카레의 전해석함수와 복소변수함수에 대한 연구는 현재까지 계속 이어지며 생산적인 연구 분야로 자리 잡고 있다.

대수적 위상수학과 푸앵카레 추측

1895년과 1904년 사이에 연달아 쓰여진 6개의 논문을 통해 푸앵카레는 함수군으로 기하적 표면의 특징을 연구하는 수학 분야인 대수적 위상 수학을 만들었다. 〈폴리테크니크 대학 저널〉에서 1895년에 출간된 논문 '위치 해석'은 그 제목과 내용으로 지금 대수학적 위상 분야의 기원이 되었다. 이 논문은 한 표면의 기본군 개념을 도입했고 연관된 호모토피군의 무한수열로 일반화했다.

유사한 제목의 다른 5개의 논문을 쓰면서 푸앵카레는 표면의 다른 특징에 대응되는 구조를 가진 호몰로지군과 코호몰로지군으로 알려진 군 수열을 더 소개했다. 푸앵카레는 이 생각들을 k번째 호몰로지군과 n차원 표면의 n번째 코호몰로지군 사이의 일대일대응을 입증하는 푸앵카레 상대성 정리로 연결시켰다.

일련의 6개 출판물에서 푸앵카레는 단순한 기하적 모양으로 구성된 표면의 특징을 해석하는 새로운 방법을 도입했다. 삼각형 분할과 무게중심 세분으로 알려진 기술을 사용하여, 그는 모든 표면이 오일러-푸앵카레 특징을 가졌다고 증명했다. 오일러-푸앵카레 특징이란 상수가 표면을 포함하는 각각의 차원의 기하적 모양에 관련된 수를 더하거나 빼는 것으로 형성되는 특징이다. 이런 개념은 18세기 스위스 수학자 레온하르트 오일러가 발견했던 것으로 구와 같은 연결 상태인 다면체는 꼭지점(v), 모서리(e), 면의 수(f)가 항상 $v-e+f=2$의 값을 갖

오일러-푸앵카레 특징은 표면의 위상적 불변량이다. 어떤 특별한 표면의 삼각 분할에 대하여, 각 차원의 구성 요소 개수의 교대 합은 오일러-푸앵카레 특징과 같은 수치를 만든다. 그림처럼 2개의 점과 4개의 곡선과 2개의 평면 영역의 집합으로 구분되는 원환면의 삼각 측량과 4개의 점, 8개의 선분, 4개의 영역 집합으로 구분되는 삼각 측량은 둘 다 $2-4+2=0$이고, $4-8+4=0$이기 때문에 오일러-푸앵카레 특징으로 똑같이 0을 준다.

는다는 공식을 일반화한 것이다.

대수적 위상수학에 관한 푸앵카레의 모든 논문에서 그가 한 중요한 일은 '밀레니엄 7가지 난제'로 알려진 푸앵카레 추측이었다. 푸앵카레는 구와 같은 호모토피, 호몰로지, 코호몰로지군을 갖는 어떤 2차원 표면이 위상적으로 그 구에 동등하다는 것을 증명했다. 1900년에 푸앵카레는 이 같은 특징이 모든 차원에서 유지되는 것을 추측했지만, 삼차원인 경우에는 반례가 있다는 것을 발견했다.

푸앵카레 추측은 '어떤 하나의 밀폐된 3차원 공간에서 모든 폐곡선이 수축되어 하나의 점이 될 수 있다면 이 공간은 반드시 원구로 변형될 수 있다'는 추론이다. 즉, 3차원인 농구공 같은 표면에 선을 그은 뒤 선의 양끝을 이으면 일회용 고무 밴드처럼 어떤 선 양끝이 이어진 폐곡선이 된다. 그런 어떤 폐곡선이 한없이 압축돼 한 점으로 줄일 수 있다면

이는 결국 3차원 공과 같다는 것이다. 상자나 공을 무한히 압축하면 같은 원구圓球가 된다는 말과 같다. 그러나 도넛이나 반지 표면을 따라 한 바퀴 도는 선을 그린 뒤 두 끝을 이어붙이면 폐곡선이 되지만 아무리 압축한다고 해도 한 점이 되지 않는다. 도넛과 반지의 뚫린 구멍이 기둥처럼 막아서기 때문이다.

2000년에 클레이 수학연구소는 다른 6가지 어려운 문제와 함께 푸앵카레 추측에 대해 타당한 증명을 하는 사람에게 백만 달러의 상금을 수여하겠다고 제안했고, 사람들은 이 7가지 문제를 '밀레니엄 7가지 난제'라 이름 붙였다. 푸앵카레 시대 이후로 위상 수학자들은 푸앵카레가 제출한 정리가 4차원 이상의 모든 차원에서 유효하다는 것을 증명했으나 3차원에 대한 그의 추측은 해결하지 못하고 있었다.

하지만 이런 어려운 문제를 해결하려는 수학자들의 연구가 계속되어 대수적 위상 분야에 새로운 기술과 발견이 많이 이루어졌다. 2003년에 마침내 러시아 수학자 그레고리 페렐만이 3차원에서 푸앵카레가 제시한 추측이 만족됨을 증명한 것으로 여겨지는 논문 하나를 출판했다. 수학자들은 그의 증명이 타당한지 판단하기 위하여 철저히 검사하였고, 2006년 미국의 권위 있는 잡지 〈사이언스〉는 그해의 10대 성과에서 푸앵카레 정리 증명을 1위로 꼽았다. 그러나 이 엄청난 증명을 해결한 '은둔하는 천재' 페렐만은 수학자에게 주어지는 최고상인 필즈 상마저 거부하고 상금 100만 달러에도 역시 관심이 없는 것으로 알려졌다.

수학의 다른 분야에 대한 기여

복소함수와 대수적 위상수학에 대한 연구 외에도 푸앵카레는 다섯 개 수학 분야에 새로운 아이디어와 기술을 제공했다. 1878년에서 1912년까지 그는 알려지지 않은 함수의 도함수와 함수 그 자체 사이의 관계를 일일이 열거하는 미분방정식에 대하여 매년 적어도 한 가지 이상의 논문을 썼다. 1880년과 1886년 사이에 〈순수 응용 수학 저널〉에서 출판된 〈미분 방정식에 의해 정의되는 표면에 관한 연구 논문〉이란 제목의 네 가지 논문 집합은 적분의 제한된 기술을 넘어 미분방정식 이론을 진척시켰다. 그 논문들 중 처음 두 개의 논문은 주어진 미분방정식의 해결에 대한 완전한 집합을 묘사하는 질적인 접근을 소개했다. $x-y$ 평면을 구 표면에 투영하는 것으로 푸앵카레는 투영된 상에 대하여 특별한 기하적 특징을 갖는 마디점, 안장점, 소용돌이 점, 중심의 수라는 네 가지 유형의 점으로 해답을 분석할 수 있었다. 세 번째 논문에서 그는 평면을 일반적인 곡면으로 투영했고 마디점, 안장점, 소용돌이 점의 수와 관련되는 값을 가지는 '곡면의 종수'라 불리는 변하지 않는 양을 식별했다. 네 번째 논문에서 푸앵카레는 높은 차수의 도함수를 포함하는 방정식 이론을 확장했다. 질적인 접근에 대한 푸앵카레의 연구는 너무 철저해서 다른 연구자들이 연구할 것을 더 이상 남겨 놓지 않은 완전한 이론이었다. 푸앵카레가 나중에 쓴 미분방정식에 대한 논문들은 천체역학에 적용되었다.

1881년과 1911년 사이, 푸앵카레는 그가 쓴 보형함수에 대한 논문만큼 방대한 양을 가진 대수기하학에 관한 연구 결과를 출판했다. 이 연구들 중 하나는 아벨함수군이 단순한 함수의 한 합으로 감소될 수 있는지 조건을 확인하는 내용이었다. 푸앵카레는 아벨다양체가 공통으로 유한하게 많은 원소를 갖는 단순다양체의 합으로 분해될 수 있다는 것을 보여주는 완전한 약분 정리를 증명했다. 대수기하학에서 푸앵카레가 한 가장 큰 공헌은 〈표준 우수 대학 연보〉에 발표된 1910년 논문 '대수적 표면에 관한 자취 곡선에 관하여'였다. 이 논문에서 그는 표면에 관한 대수적 곡선을 해석하기 쉬운 아벨적분의 합으로 표현하는 기술을 도입했다. 이 방법으로 푸앵카레는 몇 가지 알려진 결과에 대하여 단순한 증명을 할 수 있었고, 대수기하학에서 몇 가지 미해결 문제를 해결할 수 있었다.

푸앵카레는 1878년에서 1901년까지 정수론에 관한 연구 논문을 출판했다. 그의 학위 논문 지도자 헤르미트의 영향으로 푸앵카레는 초기 연구에서 정수 계수를 가지는 식의 종수에 관한 첫 번째 일반적인 정의를 포함하여 이차식과 삼차식에 관한 결과를 제출했다. 이 분야에서 푸앵카레의 가장 유명한 연구는 〈순수 응용 수학 저널〉에 발표된 1901년 논문 '대수적 곡선의 산술적 특징에 관하여'였다. 이 논문에서 그는 유리수 계수를 가지는 다항방정식을 만족하는 유리수 좌표점 (x, y)를 발견하는 디오판토스 문제를 해결했다. 유리수 분야를 넘어 대수기하학을 포함하는 첫 번째 논문처럼 이 연구는 정수론에서 고전적인 문제를 조사하기 위하여 새로운 연구 기술을 도입했다.

대수 분야에서 푸앵카레가 발견한 많은 것들 중 다음의 두 가지는 특별히 중요한 것이었다. 〈콩트 랑뒤〉에서 출판된 1899년 논문 '연속 군에 관하여'는 포락선 대수로 알려진 개념을 소개했고, 그것의 기초를 구성하는 방법을 제공했다. 지금은 푸앵카레-버크호프-위트 정리로 알려진 이 정리는 현대의 리^{Lie} 대수이론에 기본적인 결과가 되었다. 〈순수 응용 수학 저널〉에서 나온 그의 1903년 논문 '선형방정식의 대수적 적분과 아벨적분 주기에 관하여'에서 푸앵카레는 환 이론에서 미래의 많은 발전을 이끈 중요한 개념인 우아이디얼과 좌아이디얼 개념을 도입했다.

푸앵카레는 확률론을 잘 모르는 사람들을 위해 많은 논문을 썼다. 〈그달의 논평〉에서 출판된 그의 1907년 논문 '확률'은 개별적으로 발생할 것으로 예상되지 않았던 사건들이 확률 법칙으로 묘사될 수 있는 방식을 집단적으로 어떻게 따르는지 설명했다. 푸앵카레는 대학생들을 위하여 1896년에 더 체계화된 교과서 《확률론》을 썼고, 1912년에 두 번째 수정판을 출판했다.

만능 수학자와 물리학

전 생애 동안 푸앵카레는 많은 물리적 현상을 조사하는 데 수학적인 기술을 적용했다. 응용과학 중 그가 해결하려고 시도했던 주제 중 하나는 '삼체 문제'였다. 이 천체 역학 분야에서 고전적인 주제인 '삼체 문제'는 창공 안에 태양, 지구, 달과 같은 세 개 물체의 위치와 움직임이 서로의 인력의 영향으로 어떻게 이루어지는지 다루는 것이다. 《천문학

보고》에서 출판된 1883년 논문 '삼체 문제의 어떤 특별한 해답에 관하여'에서 푸앵카레는 가장 큰 물체의 질량이 두 개의 작은 물체의 질량보다 훨씬 크다면 '삼체 문제'가 무한히 많은 답을 갖는다는 것을 보였다. 1887년 스웨덴의 오스칼 2세 왕은 일반화된 n-체 문제를 다루는 최고의 논문을 뽑는 경쟁을 후원했다. 2년 후에 심사위원단은 삼체 문제의 한정된 경우를 다룬 푸앵카레의 제안에 대상을 수여했다. 심사된 논문이 출판을 위해 재검토되는 동안, 〈수학 동향〉 잡지 편집자 미타그 레플러는 부정확한 결론을 도출하는 중요한 오류를 발견했다. 이듬해에 푸앵카레는 미타그 레플러에게 50통의 편지를 보냈는데, 이 편지들을 쓰면서 초기 위치에서 한 물체에게 일어난 약간의 변화가 철저히 다른 장기적인 결과를 어떻게 낳을 수 있는지 보여 주는 새로운 이론을 발견했다. 이러한 생각을 구체화한 1890년 논문 '삼체 문제와 동력방정식에 관하여'는 표면상 임의의 상황에서 일어나는 규칙적인 유형을 연구하는 수학 분야인 카오스이론을 소개했다. 카오스이론에 나타나는 수학적 체계에서 초기 상태의 작은 변화는 결과에 현저한 변동을 만들게 된다. 자연현상들이 여러 가지 변수로 인해 겉으로 보기에는 무질서하고 불규칙해 보이나 이런 혼돈(카오스) 속에서도 내적인 질서와 규칙성을 갖고 있다는 것이다. 이전까지 과학자들은 물체의 운동과 같은 과학적인 현상을 분석할 때, 그 조건을 단순화하여 생각하고 있었다. 그러나 실제 현상에는 고려되지 않았던 무수히 많은 변수가 등장하고 따라서 이를 수학적으로 나타내는 비선형방정식은 초기의 값이 아주 미세하게 바뀌어도 결과물은 매우 크게 달라진다는 것이 밝혀졌다.

푸앵카레는 창공의 물체의 움직임을 다루는 물리학 분야인 천체역학에 관하여 거의 100권의 책과 논문을 썼다. 푸앵카레는 세 권의 책《천체역학의 새로운 방법》을 1892년과 1899년 사이에 출판하고, 그의 강의 노트 세 권《천체 역학에 관한 수업》을 1905년과 1911년 사이에 출판하면서 천체역학을 엄밀한 수학적 기초 위에 두었다. 〈수학 동향〉에서 출판된 130쪽짜리 논문 〈회전 운동에 의해 움직여진 유동 덩어리의 평형에 관하여〉에서 그는 별과 같이 회전하는 유동체의 모양이 구에서 타원으로 두 개의 같지 않은 부분으로 쪼개지기 전에 서양 배의 모양으로 변화한다고 증명했다.

수학적 물리학에서 푸앵카레는 연구를 통해 특수 상대성 이론에 관

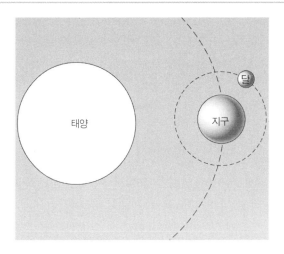

서로의 중력에 의해 결정되는 태양, 지구, 달의 운동은 삼체 문제의 한 예이다. 이 주제에 관한 푸앵카레의 연구는 국제 수학 경쟁에서 최고상을 탔고, 카오스이론의 발달을 이끌었다.

련된 기본적인 두 가지 제안을 했다. 〈형이상학과 윤리학 논평〉에 발표된 그의 1898년 논문 '시간의 측정'에서 푸앵카레는 기계상의 실험이나 전자기계 실험은 균등한 움직임 상태와 나머지 상태 사이를 구별할 수 없기 때문에 절대적 움직임은 존재하지 않는다는 원리를 형식화했다.

1905년에 발표한 논문 '전자의 동력'에서 푸앵카레는 대상이 빛의 속도보다 빠르게 움직일 수 없다고 단언했다. 특수 상대성에 관한 알버트 아인슈타인의 첫 번째 논문이 나오기 한 달 전에 〈콩트 랑뒤〉에 실린 이 논문은 혁명적인 이론에 관한 최초의 논문으로 물리학자들에게 인지되었다.

푸앵카레가 조사했던 과학적인 주제를 모두 열거한다면 그가 수학의 모든 분야에 업적을 남겼던 것처럼 물리학의 모든 분야가 다 포함된다. 푸앵카레가 쓴 70개의 물리학 관련 출판물은 전자기 파동, 전기, 열역학, 퍼텐셜이론, 탄성, 무선 전신을 다루었다. 이런 다양한 책과 기사 중 가장 영향력 있는 연구 중 하나는 〈일렉트릭 라이팅〉이란 잡지에 발표된 1896년 논문 '음극선과 야우만이론'이다. 그가 이 논문에서 보여 준 엑스레이와 인광 사이의 연결성에 대한 아이디어는 프랑스 물리학자 헨리 베크렐이 방사능을 발견하는 데 많은 영향을 끼쳤다.

연구 방법과 대중을 위한 과학

1908년 푸앵카레는 파리의 '일반적인 심리학협회'라는 모임에서 '수학적인 발명'이란 제목의 강연을 했는데 거기서 그는 자신의 주요한 수학적 발견을 이끌었던 사고 과정과 연구 습관을 설명했다. 그해 말에 푸앵카레는 이 주제를 정교하게 만들어《과학과 방법》이란 책을 출판했고, 그 책은 많은 사람들에게 읽혔다. 푸앵카레는 강연과 책에서 자신이 하루에 네 시간 동안, 즉 아침 두 시간과 오후 두 시간 동안 연구를 하고 저녁에는 수학 잡지를 읽으면서 보냈다고 말했다. 푸앵카레는 연구를 하거나 책을 보지 않는 나머지 시간에 자신의 잠재의식은 연결성을 찾고자 몰두했던 정보를 가지고 일하고 있고, 연구가 다른 방향으로 진행되면 성공할 수 있는지 잠재적으로 심사숙고한다고 믿었다. 그의 이론에 따르면 발견은 노력과 논리적인 분석의 의식적인 적용과 잠재적인 직관이 동등하게 조합되어 이루어지는 것이다.

푸앵카레는 새로운 지식을 습득할 때 논리적인 해석에는 단지 부분적으로만 의존한다고 믿으면서, 웨일스 수학자 버트런드 러셀과 다른 수학자들이 집합론에서 기초적 공리의 논리적 결과로 모든 수학을 다시 형식화하려는 시도를 비평했다. 수학이 단순한 논리를 넘어 기본적인 본질을 가졌다고 굳게 믿으면서, 그는 미래 수학자들이 이 분야를 되돌아볼 때 수학이 집합론의 질병으로부터 회복되었다고 안도할 것이라 예상했다.

이런 가혹한 비평을 한 적도 있지만, 푸앵카레는 교양 있는 사람들을 끌어들여 현재 과학적 발견에 관심을 일으키는 과학의 대중화를 위해 일한 낙관적인 사람이었다. 푸앵카레의 1902년 책《과학과 가설》은 출판된 첫 10년 동안 프랑스에서 16,000권이 팔렸고, 23개국 언어로 번역되었다. 그의 1905년 책《과학의 가치》와 그가 죽은 뒤 1913년에 가족들이 모아 출간한《마지막 생각들》은 그의 과학에 대한 생각을 많은 나라의 광범위한 독자들에게 전달해 주었다.

푸앵카레는 살아 있는 동안 동시대인들로부터 업적을 인정받으며 명예를 누렸다. 1889년 프랑스 정부는 삼체 문제에 대한 연구를 인정하여 푸앵카레에게 레지옹 도뇌르 훈장 슈발리에를 주었다. 프랑스 과학 아카데미는 그를 모든 분과에 해당하는 기하학, 역학, 물리학, 지학, 항해학 모임의 일원으로 선출했고, 1906년 그의 동료들은 아카데미의 장으로 그를 선출했다. 프랑스 문학 공동체는 프랑스협회의 문학 분과인 프랑스아카데미에서 그를 회원으로 선출하는 것으로 대중 과학에 대한 그의 대중 과학 작품의 질을 높게 평가했다. 유럽과 미국에 걸쳐 수십 개의 학회가 명예 회원으로 푸앵카레를 선출했고, 많은 대학들이 그에게 명예 학위를 수여했다.

푸앵카레는 1912년 7월 17일 58세의 나이에 전립선암 수술을 하고 회복되는 동안 죽고 말았다. 많은 나라의 왕실 대표 파견단과 많은 학술 모임의 대표자가 그의 장례식에 참석했고, 학계 종사자가 아닌 사람들도 그의 죽음을 슬퍼했다.

다재다능한 수학자

의욕적인 연구가이며, 다작 작가였던 앙리 푸앵카레는 학자로서 34년 동안 수학과 물리학의 거의 모든 분야에 새로운 생각과 방법을 쏟아 놓았다. 그는 수학의 새로운 분야로 대수적 위상수학, 카오스이론, 몇 가지 복소변수이론을 소개했다. 보형, 전해석, 유리형 함수에 대한 그의 연구는 복소함수이론을 발전시켰다. 푸앵카레는 미분방정식에서 질적인 기술을 발달시켰고, 대수학에서 좌아이디얼과 우아이디얼을 도입했다. 삼체 문제에 대한 그의 철저한 분석과 특수 상대성이론의 기본적 개념에 대한 선구적인 연구는 물리학의 다양한 분야에 기여한 그의 많은 공헌 중 단지 일부에 불과했다. 문학 분야에서 푸앵카레가 쓴 대중 과학 책은 일반 대중들이 과학을 발견하는 방법을 엿볼 수 있도록 과학을 해석해 주는 탁월한 작품들이었다. 모든 수학·과학 분야의 전문가와 동등하게 의사소통할 수 있었던 푸앵카레는 동시대의 과학과 수학 공동체에서 중심이 된 인물이었다.